彩图 7　番茄灰霉病病叶

彩图 8　番茄灰霉病病果

彩图 9　番茄叶霉病病叶

彩图 10　番茄叶霉病
防治后的病叶

彩图 11　番茄早疫病病叶初期（左）和中期（右）症状

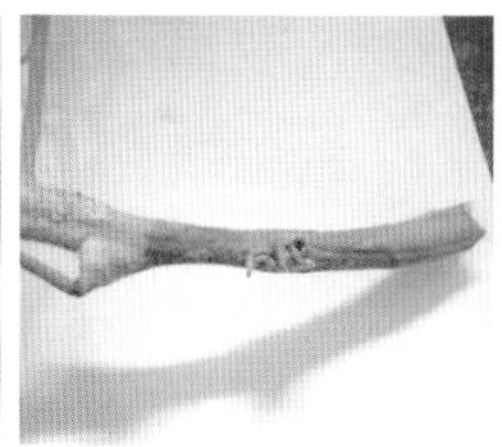

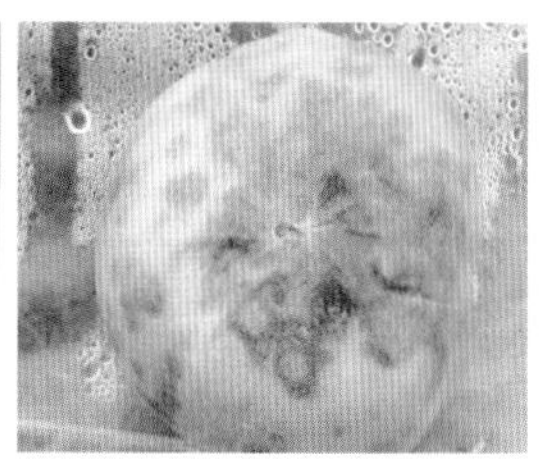

彩图 12　番茄晚疫病病叶（左）、病茎（中）和病果（右）

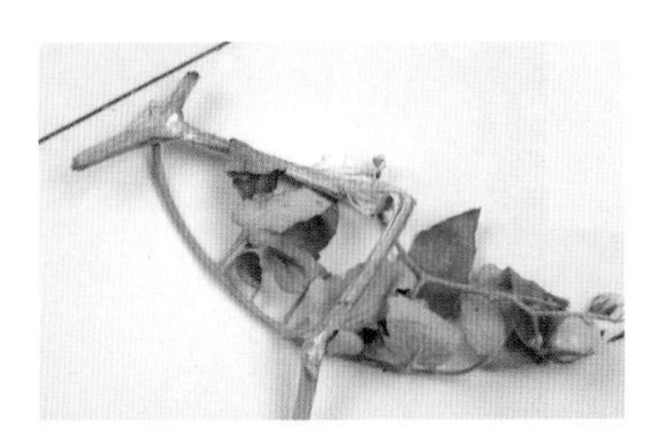

彩图 13　番茄菌核病病茎

彩图 14　番茄斑枯病叶片发病症状

彩图 15　番茄枯萎病

彩图 16　番茄青枯病发病植株症状

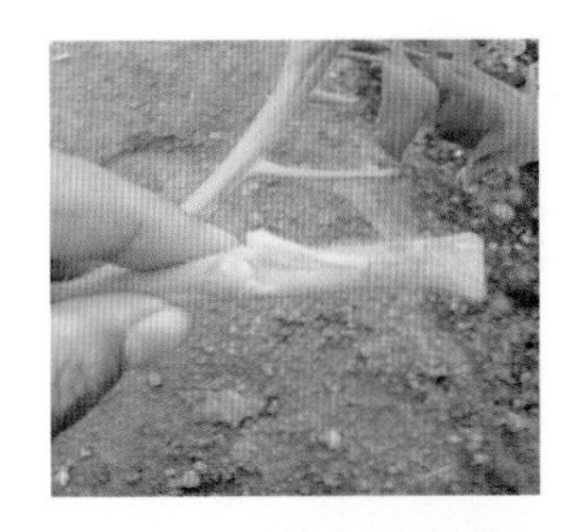

彩图 17　番茄青枯病病茎

彩图 18　番茄病毒病—花叶型

彩图 19　番茄病毒病—蕨叶型

彩图 20　番茄病毒病—条斑型（茎叶）

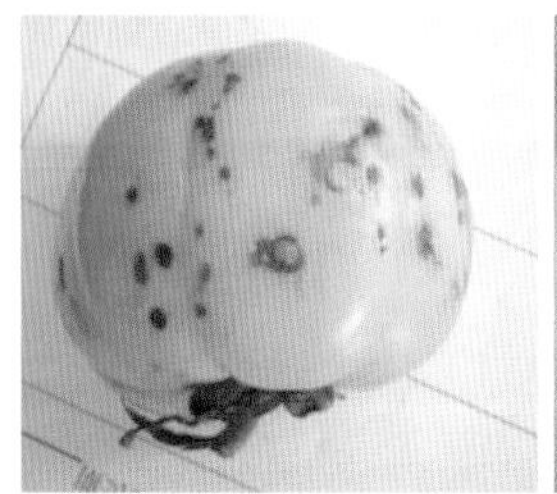

彩图 21　番茄病毒病—条斑型（果实）

彩图 22　番茄病毒病—卷叶型

彩图 23　番茄黄化曲叶病毒病

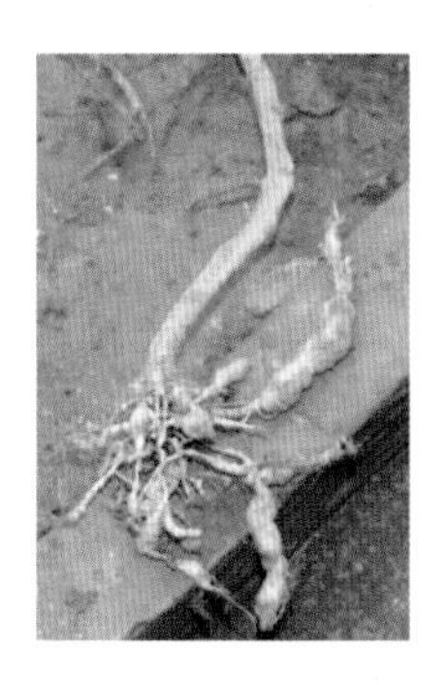

彩图 24　番茄根结线虫病

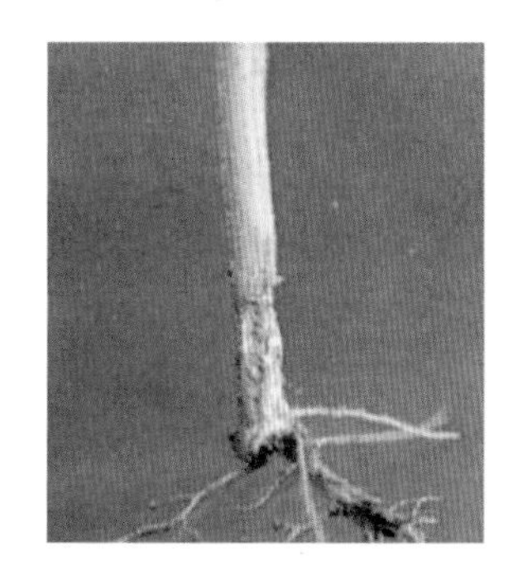

彩图 25　番茄立枯病

彩图 26　番茄猝倒病

彩图 27　番茄黑斑病

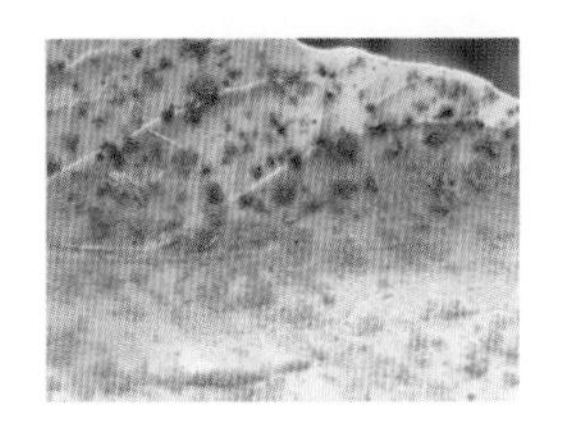

彩图 28　番茄煤污病

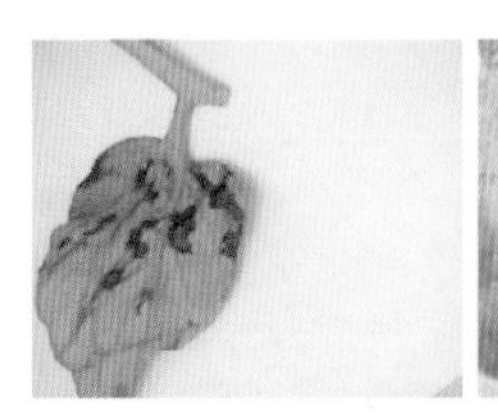
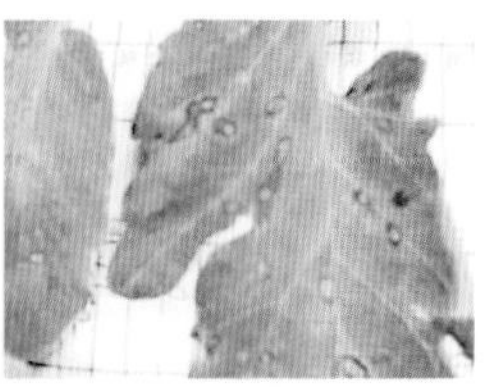

彩图 29　番茄灰叶斑病叶背（左）与叶面（右）症状

彩图 30　番茄白粉病

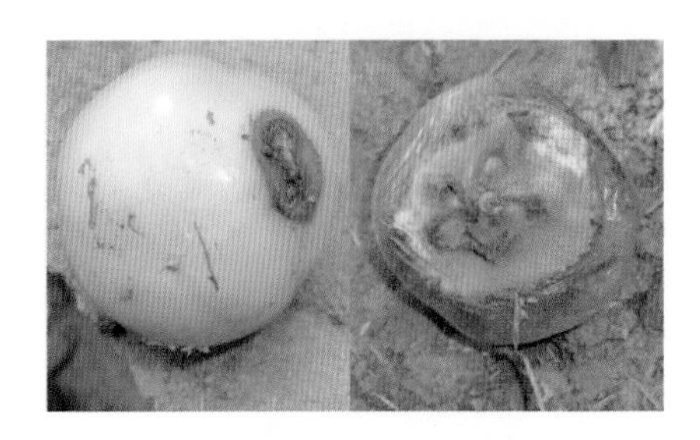

彩图 31　番茄绵疫病病果初期（左）与后期（右）症状

彩图 32　番茄炭疽病病果

彩图 33　番茄白绢病

彩图 34　番茄茎基腐病

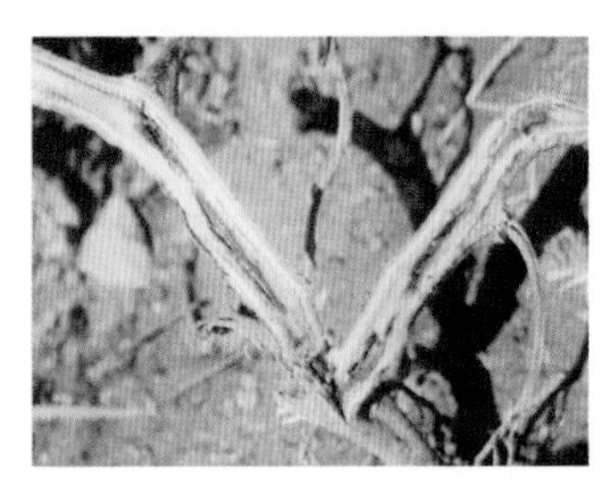

彩图 35　番茄细菌性髓部坏死病

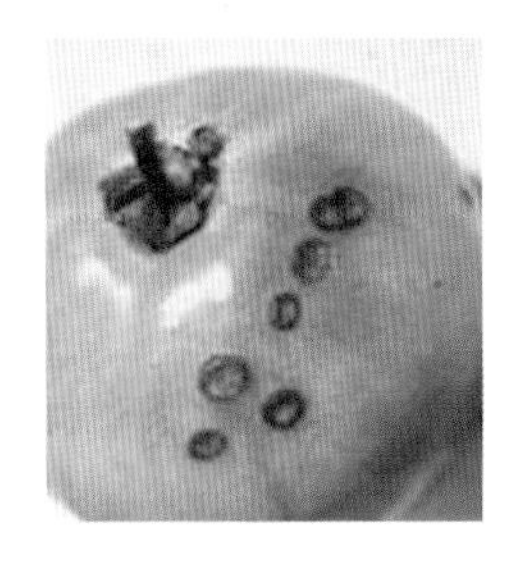

彩图 36　番茄疮痂病

彩图 37　番茄软腐病

彩图 38　番茄溃疡病

彩图 39　番茄氨气危害叶片

彩图 40　番茄木栓化硬皮果

彩图 41　番茄筋腐病病果

彩图 42　白变型番茄筋腐病

彩图 43　番茄青皮果

彩图 44　番茄空洞果

彩图 45　番茄脐腐病

彩图 46　番茄缺锌小叶病

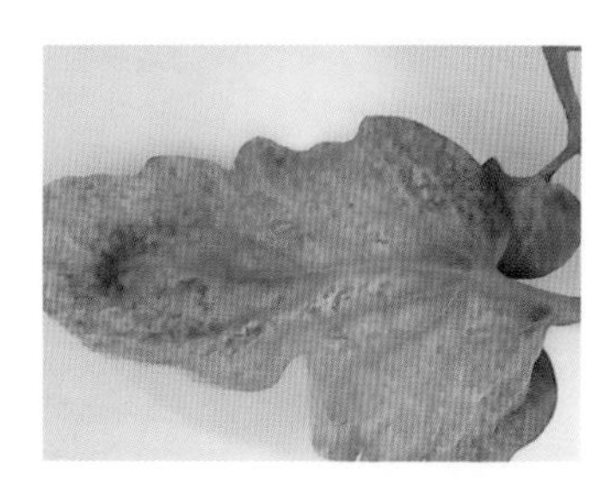

彩图 47　番茄叶片缺钾症状

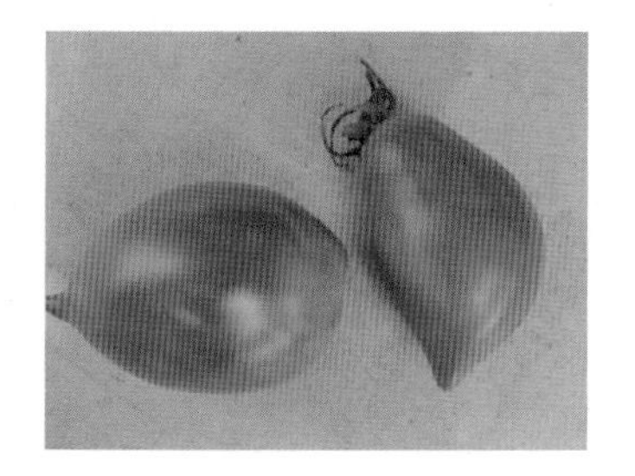

彩图 48　番茄绿背病病果

彩图 49　番茄卷叶病

彩图 50　番茄水肿病病叶

彩图 51　番茄芽枯病

彩图 52 亚硝酸气体危害番茄叶片

彩图 53 番茄植株早衰症状

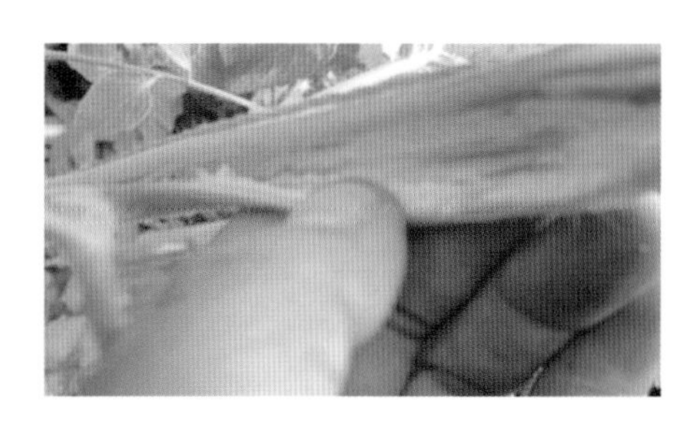

彩图 54 早衰病番茄茎部中空

彩图 55 番茄异常茎

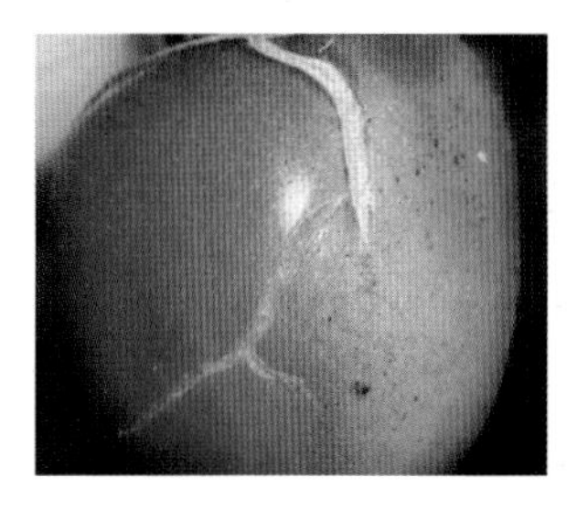

彩图 56 番茄放射状纹裂病

彩图 57 番茄同心圆状纹裂病

彩图 58 番茄条纹状纹裂病

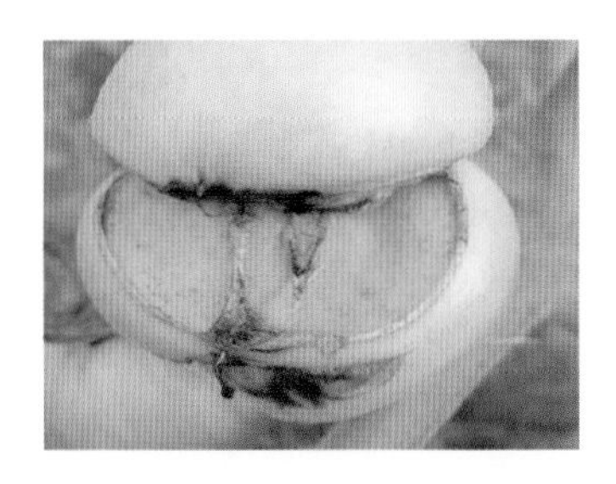

彩图 59　番茄幼果顶裂

彩图 60　番茄果实纵裂

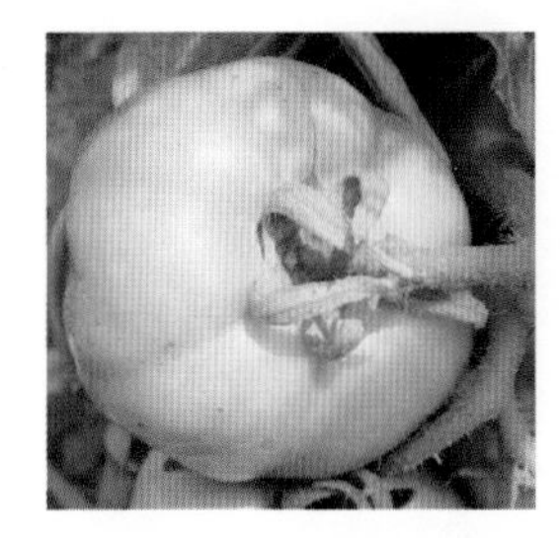

彩图 61　番茄茶色果

彩图 62　番茄日灼果

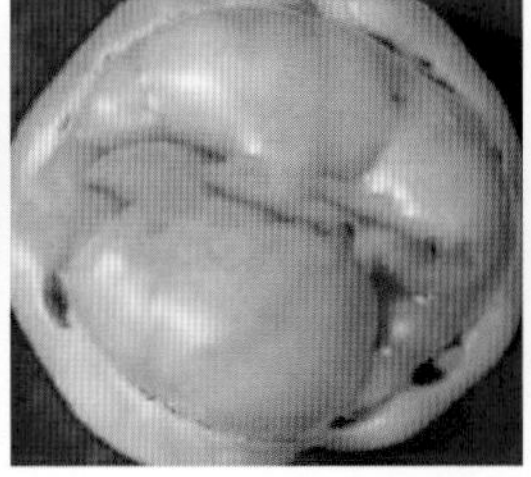

彩图 63　番茄畸形果

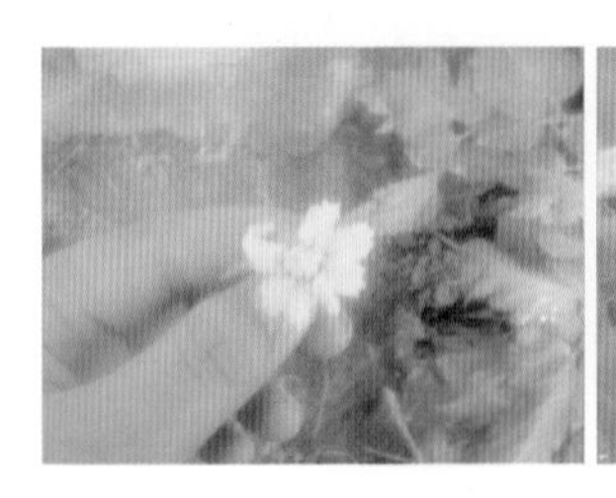

彩图 64　番茄畸形花

彩图 65　番茄果实转色慢

番茄高效栽培

主　编　苗锦山　沈火林

副主编　王爱丽　祝海燕

参　编　李云玲　孙　虎　冯艳萍

机　械　工　业　出　版　社

本书针对番茄生产实际需求，结合番茄的标准化和规范化栽培，阐述了番茄的基本生长发育特性、优良品种、棚室栽培设施的设计与建造技术、育苗技术、露地高效栽培技术，还有番茄小拱棚、大拱棚和日光温室等保护地栽培技术、加工番茄栽培技术、有机番茄栽培技术、番茄特种栽培技术及病虫害诊断与防治等。另外，书中设有“提示”“注意”等小栏目，并辅以番茄高效栽培实例，内容翔实，图文并茂，通俗易懂，实用性强，可以帮助种植户更好地掌握番茄栽培技术要点，以期以最少的投入，达到番茄栽培优质、高效的生产目的。

本书适合广大番茄种植者及农业技术推广人员使用，也可供农业院校相关专业师生学习参考。

图书在版编目（CIP）数据

番茄高效栽培/苗锦山，沈火林主编. —北京：机械工业出版社，2015.3（2022.5 重印）

（高效种植致富直通车）

ISBN 978-7-111-49264-1

Ⅰ.①番… Ⅱ.①苗… ②沈… Ⅲ.①番茄－蔬菜园艺 Ⅳ.①S641.2

中国版本图书馆 CIP 数据核字（2015）第 023057 号

机械工业出版社（北京市百万庄大街 22 号 邮政编码 100037）

总 策 划：李俊玲 张敬柱　　策划编辑：高 伟 郎 峰

责任编辑：高 伟 郎 峰 石 婕　责任校对：潘 蕊

责任印制：张 博

保定市中画美凯印刷有限公司印刷

2022 年 5 月第 1 版第 4 次印刷

140mm×203mm · 7.875 印张 · 4 插页 · 202 千字

标准书号：ISBN 978-7-111-49264-1

定价：35.00 元

凡购本书，如有缺页、倒页、脱页，由本社发行部调换

电话服务　　网络服务

服务咨询热线：010-88361066　机 工 官 网：www.cmpbook.com

读者购书热线：010-68326294　机 工 官 博：weibo.com/cmp1952

010-88379203　金 书 网：www.golden-book.com

教育服务网：www.cmpedu.com

高效种植致富直通车
编审委员会

序

园艺产业包括蔬菜、果树、花卉和茶等，经多年发展，园艺产业已经成为我国很多地区的农业支柱产业，形成了具有地方特色的果蔬优势产区，园艺种植的发展为农民增收致富和“三农”问题的解决做出了重要贡献。园艺产业基本属于高投入、高产出、技术含量相对较高的产业，农民在实际生产中经常在新品种引进和选择、设施建设、栽培和管理、病虫害防治及产品市场发展趋势预测等诸多方面存在困惑。要实现园艺生产的高产高效，并尽可能地减少农药、化肥施用量以保障产品食用安全和生产环境的健康都离不开科技的支撑。

根据目前农村果蔬产业的生产现状和实际需求，机械工业出版社坚持高起点、高质量、高标准的原则，组织全国20多家农业科研院所中理论和实践经验丰富的教师、科研人员及一线技术人员编写了“高效种植致富直通车”丛书。本丛书以蔬菜、果树的高效种植为基本点，全面介绍了主要果蔬的高效栽培技术、棚室果蔬高效栽培技术和病虫害诊断与防治技术、果树整形修剪技术、农村经济作物栽培技术等，基本涵盖了主要的果蔬作物类型，内容全面，突出实用性，可操作性和指导性强。

整套图书力避大段晦涩文字的说教，编写形式新颖，采取图、表、文结合的方式，穿插重点、难点、窍门或提示等小栏目。此外，为提高技术的可借鉴性，书中配有果蔬优势产区种植能手的实例介绍，以便于种植者之间的交流和学习。

本丛书针对性强，适合农村种植业者、农业技术人员和院校相关专业师生阅读参考。希望本丛书能为农村果蔬产业科技进步和产业发展做出贡献，同时也恳请读者对书中的不当和错误之处提出宝贵意见，以便补正。

中国农业大学农学与生物技术学院

前言

从世界蔬菜生产来看，番茄是蔬菜类中产量最高的品种之一。番茄引入我国栽培的历史不长，但其营养丰富，具有保健价值，既可作为水果鲜食，又可作为蔬菜熟食，还可用于加工制品，因而深受人们喜爱，已成为广泛栽培的少数几种茄果类蔬菜之一。

番茄的生产和加工为我国农民增收致富做出了重要贡献。但目前在我国各地番茄实际生产中，良种选择、设施建造、栽培和病虫害防控技术及特种栽培等诸多方面存在不少误区，不利于番茄规范高效生产。尤其近年来棚室栽培面积的扩大、有机番茄的发展及出口量的增加，对番茄生产标准和技术提出了更高的要求。因此，标准化、高效的栽培技术对指导我国番茄产业的健康发展必不可少。为了满足广大生产者的需求，潍坊科技学院的相关科研人员深入农民生产一线，及时总结归纳优势产区农民番茄种植经验，并结合自身的研究对其生产中存在的疑难问题提出了解决方案。

本书从高产高效的角度，针对番茄生产实际需求，结合番茄的标准化和规范化栽培，阐述了番茄的基本生长发育特性、优良品种、棚室栽培设施的设计与建造技术、育苗技术和露地高效栽培技术，还有番茄小拱棚、大拱棚和日光温室等保护地栽培技术，加工番茄、有机番茄栽培技术，番茄特种栽培技术及病虫害诊断与综合防控技术等。另外，书中设有“提示”“注意”等小栏目，并辅以番茄高效栽培实例，内容全面翔实，图文并茂，通俗易懂，实用性强，可以帮助种植户更好地掌握番茄栽培技术要点，以期为我国番茄产业的规范、高效、健康发展提供参考。

需要特别说明的是，本书所用药物及其使用剂量仅供读者参考，不可完全照搬。在生产实际中，所用药物学名、通用名和实际商品名称存在差异，药物浓度也有所不同，建议读者在使用每一种药物之前，参阅厂家提供的产品说明以确认药物用量、用药方法、用药时间及禁忌等。

本书在写作过程中得到了国内相关专家的大力支持和帮助，并参引了许多专家、学者和同行们的成果和经验，在此一并谨致谢忱。

由于编者水平有限，书中难免有错误和不当之处，恳请广大读者批评指正。

编　者

目 录

第五章　番茄育苗技术

第六章　番茄露地高效栽培与采后保鲜技术

第七章　番茄保护地栽培技术

第八章 加工番茄的高效栽培技术

第九章 番茄的轮作和套作技术

第十章 有机番茄栽培技术

第十一章 棚室番茄水肥一体化和无土栽培技术

第十二章 番茄病虫害诊断与防治

第十三章 番茄的储运和加工技术

第十四章 番茄高效栽培实例

附录

参考文献

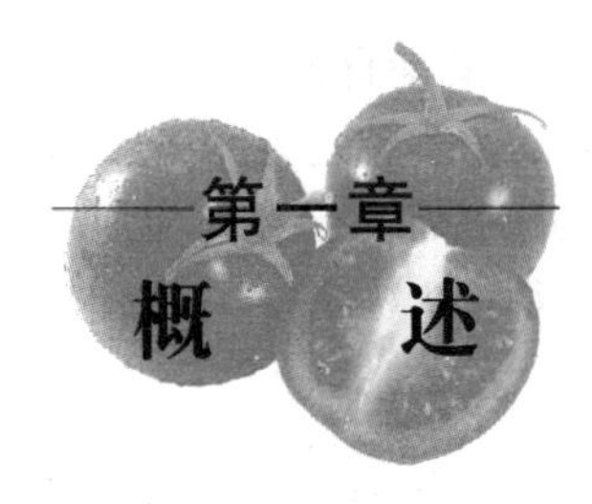

第一章 概述

第一节 番茄的起源与营养价值

一 番茄的起源

番茄，俗称西红柿、洋柿子，古名六月柿、喜报三元。原产于南美洲的秘鲁、智利、厄瓜多尔等国家的高原或谷地，据植物学家调查，到目前为止在安第斯高原仍生长着8~9种野生番茄，它们的形状都类似于现在的樱桃番茄（图1-1）。随着印第安人的迁徙，番茄后期传至北美南部的墨西哥。墨西哥的环境条件比较适合番茄的生长，故而在那里番茄被成功驯化成栽培种，并开始向世界其他地区传播。

图1-1 樱桃番茄

16世纪中叶，随着新大陆的发现，番茄由西班牙、葡萄牙商人从中、南美洲传到欧洲，再由欧洲传至北美洲和亚洲等地。到18世纪中叶荷兰人开始食用番茄，并开始对番茄的营养价值进行研究，故而当地人又称番茄为“狼桃”。而在意大利则称之为“金苹果”，或许与番茄最初传到意大利时为黄色有一定关系。18世纪后期，番茄

传到俄国，并得到广泛种植。

番茄大约在明代万历年间传至我国，当时称为“番柿”，因为酷似柿子，颜色是红色的，又来自西方，所以有“西红柿”的名号。之后从我国又传入日本，日本称之为“唐柿”。在我国历史上，古人对于从境外传入我国的事物都习惯在前面加一个“番”字以便与其他物种加以区别，于是称之为“番茄”。

二 番茄的营养价值

番茄兼具蔬菜和水果双重身份，含有13种维生素及17种矿物质（表1-1、表1-2）。此外，番茄果实还富含蛋白质、脂肪、碳水化合物、粗纤维、（类）胡萝卜素、柠檬酸和苹果酸等。

表1-1　100g番茄中主要维生素及叶酸含量一览表

维生素及叶酸	维生素B_6	维生素A	叶酸	胡萝卜素	硫胺素	核黄素	烟酸	维生素C	维生素E
含量/μg	60	63	5.6	375	20	10	490	14000	420

表1-2　100g番茄中主要矿物质含量一览表

矿物质种类	钙	磷	钾	钠	碘	镁	铁	锌	铜	锰
含量/mg	4	24	179	9.7	2.5	12	0.2	0.12	0.04	0.06

与其他果蔬比较，番茄含糖3.5%～4.0%，含钾179mg/100g，是西瓜的2倍；番茄中维生素C含量最高可达19mg/100g，是西瓜的3倍；维生素E含量0.57mg/100g，是西瓜的20倍；含胡萝卜素550mg/100g，是西瓜的7倍。此外其含有的B族维生素和胡萝卜素比苹果、梨、香蕉等水果高2～4倍。新鲜番茄中番茄红素含量为0.88～4.2mg/100g，含量居各类果蔬之首。另外，每100g番茄中还含有能量11kcal，蛋白质0.9g，脂肪0.2g，碳水化合物3.3g，膳食纤维1.9g等。

因此，番茄营养丰富，食用价值较高，既可凉拌，又可炒食、做汤，一年四季皆可食用，是大众喜爱的蔬菜之一。番茄还可加工成番茄酱、番茄沙司、番茄汁、番茄粉及番茄红素胶囊等制品，在国内外市场深受欢迎。

番茄还具有一定的保健医疗价值，其果实具有生津止渴、凉血平肝、清热解毒等功效，适用于高血压、牙龈出血、胃热口渴、发热烦躁、中暑等症。果实中的番茄红素又称ψ-胡萝卜素，是一种天然色素，具有抗氧化、抑制突变、降低核酸损伤、减少心血管疾病及预防癌症等多种功能；苹果酸、柠檬酸和糖类有助消化的作用，可预防消化道的肿瘤，对肾炎患者有利尿的作用；番茄中的烟酸（维生素PP）含量在果蔬中居首位，其化学成分为一种黄酮体素，是抗癞皮的维生素，能维护胃液的正常分泌，促进红细胞的生成，具有降低毛细血管的通透性、防止毛细血管破裂、防止血管硬化、预防高血压的作用；番茄中的维生素C对牙龈炎、牙周病和出血性疾病患者具有扶正固本作用，且可提高人体的免疫力等。

第二节　我国番茄产业的发展概述

一　我国番茄产业的发展状况

我国番茄的种植面积大，种植区域分布较广，多年来番茄总产量、加工和出口均处于持续增长态势。经过二十多年的发展，目前我国已经成为全球重要的番茄制品生产国和出口国之一。据统计，2011年我国加工番茄种植面积为145万亩（1亩=667m^2），总产量达679万吨，番茄制品产量达129万吨，出口113.15万吨，出口比例达87.7%。目前我国已经成为继美国、欧盟之后的第三大番茄制品区和第一大出口国，在世界番茄酱市场上占有举足轻重的地位。

从分布区域看，目前我国的番茄生产主要集中在新疆、内蒙古、甘肃、宁夏、黑龙江、山东、辽宁、河北、河南、江苏等省份，其中新疆加工番茄产量占全国的2/3左右，内蒙古及其他区域占1/3左右。我国番茄制品生产具有地理优势、成本优势，每年都有大量的番茄制品出口到国外，但我国番茄制品以初加工产品为主，国内加工企业多作为欧洲番茄加工企业的原料供应商，产品附加值尚有待

提升。世界番茄出口商品主要包括鲜番茄、去皮番茄、番茄酱、番茄汁和番茄沙司五大类。我国的番茄出口结构存在较大不同，出口产品以番茄酱为主。以2009年为例，番茄酱、鲜番茄出口额占比分别为93.9%和4.8%，其他制品仅占1.4%。因此，充分利用我国加工番茄原料成本和品质优势，不断扩大其他番茄制品生产和市场范围，提高番茄深加工水平，对提升我国番茄制品国际竞争力、促进番茄产业的健康发展具有重要意义。

从国内市场来看，番茄多以新鲜产品上市。尤其近年来我国保护地番茄栽培面积不断增加，番茄生产已实现周年生产和平衡供应。我国居民人均消费番茄已达21kg/年，巨大的市场需求有力推动了番茄种植面积的扩大和产量的增加，成为产业发展的重要推动力量。比较而言，我国居民缺乏番茄制品的消费习惯，番茄制品消费量较小，人均年消费量仅为0.2kg。国内番茄制品消费市场培育不足，极易造成对国际市场的依赖，出现产能过剩和恶性竞争等不利局面。因此，伴随我国城镇化进程，居民消费习惯的转变，开发国内番茄制品市场空间应成为番茄产业发展的一个重要方向。

二 我国番茄产业发展存在的问题

番茄是我国主要的蔬菜作物之一，各省均有栽培，具有栽培面积大、产量高等特点。尤其近年来，设施番茄栽培得到迅速发展，生鲜番茄已实现周年生产和供应市场，番茄种植效益显著提升，但各地在番茄产业的发展过程中也存在诸多问题，主要表现为以下三个方面。

1. 主产区品种配套不足，优良主栽品种研发和推广力度不够

我国每年投入市场开发的国内外番茄品种较多，但各个经营主体大多“小而散”，针对不同地区的熟性配套品种以及品质优良的耐储运主栽品种推广应用不足，造成各地栽培番茄品种杂而乱，规模效益相对较低。尤其近年番茄黄化曲叶病毒（TY）病在部分主产区发生流行后，番茄品种面临重新洗牌，聚合抗病和其他优良性状的番茄新品种的开发较少，不能很好地满足生产需求。另外，我国番茄栽培区域和成熟期相对集中，常因产品集中上市造成销售不畅，果实耐储运性差，不利于远距离运输，缺乏国际竞争力。

2. 番茄标准化、规范化和无公害栽培技术体系推广应用水平不高，番茄产品安全和产区环境健康存在一定问题

我国的番茄生产以一家一户的小农生产模式为主，缺乏规模效应，加之农业科技推广力度不够，导致高产优质的番茄生产目标实现存在一定困难，主要表现为：

1）农户种植偏重早熟栽培，导致植株早衰现象普遍。目前，番茄生产多沿用传统的经验栽培，习惯密植栽培，生产上主攻前期产量，因此前期基肥用量往往较充足，管理到位，前3穗果的产量占到总产量90%以上。但后期管理则较为粗放，追肥不仅量不足且次数少，后期病虫危害及早衰问题突出，不重视疏果工作，单穗坐果过多，生产中空洞果、桃形果等畸形果及发育滞后果较为常见。

2）连作栽培普遍，病害发生趋重。由于种植趋于区域化、专业化，重茬栽培较为普遍。如山东部分番茄主产区一年种植番茄达三茬之多，比较单一的作物类型，周年的设施覆盖，易造成局部区域生态失衡，次生盐渍化和酸化严重，土壤自净功能弱化，病虫危害积聚，作物出现生长发育障碍，土传病害呈逐年加重趋势。连作障碍已成为目前我国番茄生产的重要限制因素之一，而为克服连作障碍大量施用药肥导致的农药残留和环境污染，不利于番茄的安全生产。

3）夏季育苗与冬季保温问题较为突出。夏季育苗易受高温、病虫危害，培育壮苗存在困难。设施越冬茬番茄的冬季保温问题也较为突出，12月下旬~2月初是我国大部分地区最寒冷的时期，此期常遭遇零下十几度的低温，多层覆盖技术可有效提高大棚内温度，但因管理不到位，越冬茬番茄植株冷害、冻害情况时有发生，造成产量和品质的下降。

4）由于品种选择、栽培技术及标准化生产意识缺失等原因，番茄产品整齐度、果形、果色等外观品质较差，商品性下降。

5）测土配方施肥、膜下暗灌、秸秆发酵还田、冬季加温补光等新技术推广应用不够及病虫害无公害综合防控水平不高导致产区番茄单产较低，品质较差，对发展出口造成不利影响等。

3. 番茄生产缺乏预警机制，市场体系的培育和开拓尚待加强，产品外销乏力

1）番茄主栽区以专业种植户居多，生产经验较为丰富，但单户种植规模较小。种植户囿于旧有的习惯，在番茄上市季节往往坐等客户上门收购，不主动掌握市场信息或盲目跑市场，鲜有结成合作社等利益共同体，抗御市场风险能力弱。遇到集中上市和外销不畅时，普通贩销户势单力薄难有作为，常造成积压和滞销，效益滑坡，"菜贱伤农"现象时有发生。

2）采收期集中，产品容易销售不畅，年际间生产波动大。我国番茄多采用早熟、密植栽培等生产方式，正常栽培一茬番茄采收期约2个月，但高温季节采收期仅为1个月左右。受冬季低温及夏季高温的季节性影响，每年12月~第二年4月和8~9月为我国番茄采收上市低谷，而5~7月和10~11月则是上市高峰。在集中上市期番茄收购价格和生产淡季价格相差甚远，生产效益较低。

3）番茄加工层次和水平较低，缺乏大型龙头加工企业，加工番茄制品多为国际市场提供原料，精深加工水平不高，加工企业过于依赖国际市场，产品竞争力不强。

三 应对策略

1）加快番茄新品种的研发和推广，为番茄产业发展提供核心支撑。应切实根据生产实际需求，不断创新育种目标，加快抗逆、抗病、不同熟性和生态适应性及加工番茄新品种的研发和推广力度，满足市场多样化需求。

2）提升番茄标准化、规模化和工厂化生产水平，确保优质安全生产。应根据各地实际，结合土地流转、专业合作社和家庭农场建设，适度发展番茄规模化和订单式工厂化生产，统一生产标准，保障产品质量和环境健康。在条件适宜地区，鼓励发展有机番茄等高端产品。

3）提高番茄精深加工水平，延长产业链条，进一步提高产品附加值。各番茄主产区应立足本地资源优势，在坚持传统番茄制品市场优势的基础上，进一步加大对番茄红素、番茄沙司等番茄加工产品的开发力度，并不断完善产品质量标准体系，以不断提高我国番茄加工产品的国际竞争力。

4）加强番茄市场体系建设，为番茄生产销售提供保障。各地应着力强化番茄专业市场建设，培育相对完善的市场体系，构建番茄产品质量二维码追溯平台，加强市场信息化平台和物联网建设，逐步构建番茄市场预警机制，为我国番茄产业的可持续发展提供保障。

第二章 番茄的生物学特性和对环境条件的要求

第一节 番茄的植物学特征

1. 根

番茄根系较强大，分布广而深，主根深入土中能达 1.5m 以上，根系展开幅度可达 2.5m 左右，大部分根群分布在 30～50cm 的耕层中。番茄根的再生能力很强，近地茎上易发生不定根，所以番茄较耐移栽，并可进行扦插育苗。

2. 茎

番茄的茎为半直立茎或半蔓生，少数类型为直立型。幼苗时直立，中后期需要依靠支架或吊蔓才能直立生长。番茄茎分枝力强，栽培上需要整枝打杈。据茎的生长情况可分为有限生长型（图 2-1）和无限生长型（图 2-2）。有限生长型一般早熟，植株在长出 3～5 个花穗后，花穗下的侧芽变成花芽，不再长成侧枝，植株不再伸长。无限生长型的番茄一般为中晚熟品种，在茎端分化第一个花穗后，其下的一个侧芽生长成强盛的侧枝，与主茎连续而成为假轴，第二穗及以后各穗下的一个侧芽也都如此，故假轴可无限生长。生产上的栽培品种主要为无限生长型。

3. 叶

番茄叶分为子叶、真叶两种。真叶表面有茸毛，裂痕大，属耐旱性叶。叶片呈羽状深裂或全裂，每片叶有小裂片 5～9 对，小裂片的大小、形状、对数因着生部位不同而有很大差别。不同品种叶片

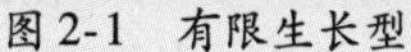

图 2-1　有限生长型　　　　图 2-2　无限生长型

大小相差较大，一般中晚熟品种叶片大，直立性较强，小果品种叶片小。叶片及茎上有绒毛和分泌腺，能分泌出具有特殊气味的液汁以避虫害。

4. 花

番茄的花为完全花，总状花序或聚伞花序。花序着生于节间，花黄色。每个花序上着生花数品种间差异很大，一般 5 ~ 8 朵不等，小果型品种可达 20 ~ 30 朵。有限生长型品种一般主茎生长至 6 ~ 7 片真叶时开始着生第 1 花序，以后每隔 1 ~ 2 叶形成 1 个花序，通常主茎上发生 2 ~ 4 层花序后，花序下位的侧芽不再抽枝，而发育为 1 个花序，使植株封顶。无限生长型品种的主茎生长至 8 ~ 10 片叶时出现第 1 花序，以后每隔 2 ~ 3 片叶着生 1 个花序，条件适宜可不断着生花序并开花结果。番茄为自花授粉作物，天然杂交率低于 10%。番茄花柄和花梗连接处有一明显的凹陷圆环，叫“离层”，在不良环境下，特别是低温下，易造成落花。

5. 果实及种子

番茄的果实为多汁浆果，果肉由果皮及胎座组织构成，栽培品种一般为多室。果实从授粉到成熟需 40 ~ 50 天，因品种而异，果实

形状有圆球形、扁圆形、梨形、长圆形等；果实颜色多种多样，有红色、粉红色、橙红色、黄色、绿色、白色等。

番茄种子扁平略呈卵圆形，表面有灰色茸毛。种子成熟比果实早，一般授粉后35～40天即具有发芽力，40～50天种子完熟。番茄种子发芽年限能保持5～6年，但1～2年的种子发芽率最高。种子千粒重为2.7～3.3g。

第二节　番茄的生长发育周期

番茄从播种到采收结束的整个生长发育周期可分为发芽期、幼苗期、开花坐果期和结果期4个时期。

1. 发芽期

从种子萌发到第1片真叶出现为发芽期（图2-3）。在适宜条件下一般需要7～9天。发芽能否顺利完成，主要决定于温度、湿度、通气状况及覆土厚度。番茄种子发芽的适宜温度是28～30℃，最低温度为12℃，超过35℃对发芽不利。种子发芽需要大量的水分，因此一定要保证充足的水分供应。同时也需要大量氧气，并消耗自身储存的养分。因此，新鲜、饱满的种子，适宜的温、湿、气体及水分条件，是种子顺利发芽的前提。

图2-3　番茄发芽期

2. 幼苗期

由第1片真叶出现到第1花序开始现大蕾为幼苗期（图2-4）。幼苗期要经历两个阶段：①长出2～3片真叶至花芽分化前为基本营养阶段，此阶段主要是根系生长及生长点的叶原基分化，吸收积累养分为营养生长及花芽分化做准备，同时子叶和真叶能产生成花激素，对花芽分化有促进作用。在这一阶段创造适宜的环境条件，给予充足的光照、适宜的温度和良好的营养是培育壮苗的重要环节。②2～3 片真叶展开后进入第二阶段，花芽开始分化，花芽分化与营养生长同步进行。一般播种后20～30 天分化出现第 1 花序，以后每 10 天左右分化 1 个花序。花芽开始分化后每 2～3 天分化 1 个小花，同时，与花芽相邻上方的侧芽也在分化生长成叶片。因此，此阶段花序的分化，花序上小花的分化，叶片的分化及顶芽的生长连续交错进行。

图 2-4　番茄壮苗

花芽分化的节位高低、数目、质量与品种及育苗条件、番茄生长的环境条件关系密切。一般早熟品种 6～7 片叶后出现第 1 花序，中晚熟品种在 7～8 片叶后出现第 1 花序。温度、光照及水分对番茄花芽分化影响较大。环境温度高时花芽分化快但数目减少，温度低时花芽分化期长，但数目增多，温度低于 7℃时则易出现畸形花。光照充足时花芽分化早，节位低，花芽大，因此充足的光照可促进开花及早熟。缺水时花芽分化及生长发育差，水分稍多影响不大，所以育苗期应注意控温不控水。

所以，番茄育苗期应注意调控温度、水分及光照在一个合适的范围之内，防止幼苗徒长或老化，保证幼苗健壮地生长及花芽的正常分化发育，是此阶段栽培管理的重要任务。番茄壮苗如图 2-4 所示。

3. 开花坐果期

从第 1 花序现蕾至坐果为开花坐果期。此期是番茄从以营养生长为主过渡到生殖生长与营养生长同时进行的转折期，生产上通过

土肥水等管理措施协调好营养生长与生殖生长的关系，对产品器官发育与产量形成（特别是早期产量）影响较大。一般说来此期水肥过多可能导致植株徒长，尤其是中晚熟品种，易造成大量落花落果。过控则易使早熟品种出现果坠秧现象，导致植株早衰、产量降低。因此，促进早发根，协调好茎叶生长，注意保花保果是此阶段栽培管理的重要任务。

4. 结果期

结果期是指第1花序坐果直至拉秧的较长过程。其特点是秧果同步生长，营养生长与生殖生长的矛盾始终存在，栽培管理始终是以调节秧果关系为中心。一般情况下番茄从开花到果实成熟约需50~60天，冬季棚室低温弱光条件下约需70~100天。

番茄是陆续开花、陆续结果的作物，当下层花序开花结果，果实膨大时，上面的花序也在进行不同程度的分化和发育，因此各层花序之间的养分争夺也较明显。特别是开花后的20天，果实迅速膨大，需吸收较多养分，如果植株营养不良往往使茎顶端变细，上位花序发育不良，花器变小，坐果不良，产量降低。尤其是冬春季节地温低，根系吸收能力减弱，表现更为突出。因此，在生产上加强管理，供给充足的营养，促进秧、果并旺，延长结果期，防止早衰是此期管理的重点。

第三节 番茄生长发育对环境条件的要求

1. 温度

番茄喜温，其最适宜的生长温度为20~25℃。低于15℃时不能开花或授粉受精不良，导致落花等生理性障碍发生；温度低于10℃时，植株停止生长，花粉死亡，易出现开花不结果的现象；长时间低于5℃引发冷害；低于-2~-1℃时，短时间内可发生冻害而死亡。28℃以上的高温能抑制番茄红素及其他色素的形成，影响果实正常着色；温度高于30℃时，番茄同化作用显著降低；高于35℃时，生殖生长受到干扰和破坏；40℃以上的高温，易使茎叶发生日灼，叶脉间呈灰白色，并发生坏死现象，导致落花落果或果实发育不良。番茄不同生长时期、生长部位对温度的要求范围见表2-1、表2-2。

表2-1 番茄不同生长时期对温度的要求范围

生长时期	生长适温/℃	夜间温度/℃	不良生长状态
发芽期	28~30	12~20	不能发芽、畸形苗
幼苗期	20~25	10~15	生长不良、花芽数少、畸形花
开花期	20~30	15~20	开花不良、花粉管的伸长受到抑制
授粉期	20~28	10~15	授粉、受精不良

表2-2 番茄不同生长部位对温度的要求范围

生长部位	生长适温/℃	夜间温度/℃	不良生长状态
根系	20~22	9~12	根毛生长受抑制
着色果实	19~20	15~20	不利于着色、番茄红素不能形成

2. 光照

番茄属喜光作物。光照不足或连续阴雨天气常导致植株瘦弱、茎叶细长、叶薄色浅、花期不孕、落花落果及果实畸形等现象。一般来讲，番茄的光饱和点为70000 lx，光补偿点为1000 lx。番茄是短日照植物，但不需要特定的光周期，只要温、光适宜，周年均可种植。研究表明，多数番茄品种在11~13h的日照下开花较早，植株生长健壮，而以16h的日照下生长最好。番茄不同生长时期对光照的要求，见表2-3。

表2-3 番茄不同生长时期对光照的要求

生长时期	光照要求	不良生长状态
发芽期	不需要	不发芽
幼苗期	要求严格	光照不足则花芽分化延长，着花节位上升，花数减少，花芽素质下降。
开花期	要求严格	落花落果
授粉期	要求严格	坐果率低，单果重下降，还容易出现空洞果，筋腐病果

3. 水分

番茄根系发达，吸收能力强，属于半耐旱蔬菜。番茄茎叶繁茂，蒸腾作用强，需水量大，但又不必经常大量灌溉，尤其幼苗期和开花前期水分过多易引发幼苗徒长。结果期忌干旱缺水，如水分亏缺可影响其正常生育，进而降低产量。但若土壤湿度过大，排水不良，则影响根系正常呼吸，严重时造成烂根。另外，结果期土壤忽干忽湿，特别是干旱后浇大水易导致大量裂果和诱发脐腐病。番茄生长适宜的空气相对湿度为50%左右。空气湿度过大不仅阻碍正常授粉，而且使番茄易感染病害。番茄不同生长时期对土壤水分的要求，见表2-4。

表2-4　番茄不同生长时期对土壤水分的要求

生长时期	土壤相对湿度
发芽期	80%以上
幼苗期	65%～75%
开花结果期	75%以上

4. 土壤及营养

番茄对土壤的适应力较强，要求也不太严格，但以排水良好、土层深厚、富含有机质的壤土或沙壤土最为适宜。番茄对土壤通气条件要求高，土壤空气中氧含量降至2%时植株枯死，所以在低洼及土壤结构不良的地块不适宜栽培番茄。番茄要求土壤的最适酸碱度为中性偏酸，pH以6～7为宜。番茄在碱地上栽培生长缓慢，易矮化枯死，而在过酸的土壤上栽培易产生缺素症，特别是缺钙症，易发生脐腐病。在酸性土壤施用石灰有显著的增产效果。

番茄生育过程中需从土壤中吸收大量的矿质营养。据研究，每生产1000kg果实需吸收氮素（N）2～3.54kg，磷素（P_2O_5）0.95～1kg，钾素（K_2O）3.89～6.6kg，吸收元素总量的73%左右存在于果实中，27%左右存在于根、茎、叶等营养器官中。氮肥对茎叶生长和果实发育有重要作用，因此生产中应保证氮肥的供应。磷素吸收量虽不多，但对番茄根系及果实发育作用显著，吸收的磷素绝大多数存在于果实及种子中，幼苗期增施磷肥对花芽分化和生长发育都有良好的效果。钾素吸收量最大，尤其果实迅速膨大期为需钾临界期。钾素对糖的合成、运转及增大细胞原生质浓度均有重要作用。番茄吸钙量也很大，缺钙时番茄的叶尖和叶缘萎蔫，生长点坏死，果实发生脐腐病。

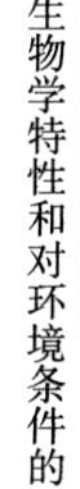

——第三章——
番茄优良品种介绍

栽培番茄可根据植株的生长习性、单果重、果实颜色、熟性等进行分类。

1. 按照植株的生长习性

按照植株的生长习性可将番茄分为无限生长型和有限生长型。番茄露地栽培常采用有限生长型，而保护地栽培则多采用无限生长型。

（1）有限生长型 又称“自封顶”型。主干长出3~5个花序后封顶，生长点变成花序，不再向上生长，依靠叶腋或花序下部抽生侧枝生长，侧枝生长1~2个花序后顶端又变成花序而封顶，如此反复。因此，此类品种植株较矮化，结果比较集中，具有较强的结实力及速熟性，生长期较短，适合于露地早熟栽培。

（2）无限生长型 植株无限生长，生长期长，植株高大，果形也较大，多为中、晚熟品种，产量高，品质好。在条件适宜的情况下，主枝高度可达2m以上，能结果十多穗，宜作保护地长季节栽培。

2. 按照果实大小

按照果实大小不同可分为大番茄、串收番茄和樱桃形番茄。大番茄单果重多在130~250g以上。串收番茄是指类似于葡萄的一串番茄，一穗果含5~7个单果，其中4~6个基本上一起成熟，单果重一般为100~130g。樱桃形番茄果实较小，一般单果重10~20g，也有单果重50~60g的品种。

3. 按照果实颜色

按照果实的颜色不同可分为大红色、粉红色、金黄色、橙黄色、浅黄色、咖啡色等。

此外，番茄品种按熟性可分为早熟种、中熟种和晚熟种。按果实用途可分为鲜食和加工储藏两种。鲜食品种主要是适口性好，果形、颜色也好；加工品种则注重果肉颜色及糖酸比。

第一节 大果型新优品种

1. 硬粉8号

硬粉8号是由北京市农林科学院蔬菜研究中心选育的粉果硬果型品种（图3-1）。无限生长型，抗番茄花叶病毒（TMV）、叶霉病和枯萎病。叶色浓绿，抗早衰，中早熟，果形圆正，未成熟果显绿肩，成熟果粉红色，单果重200～300g，大果可达300～500g，果肉硬、果皮韧性好，耐裂果，耐运输；商品果率高，坐果习性好。设施栽培密度为每亩3200～3600株。

2. 佳粉19号

佳粉19号是由北京市农林科学院蔬菜研究中心培育的粉果硬果型、耐储运番茄一代杂交品种（图3-2）。无限生长型，主茎8～9片叶后着生第1花序，中熟。果形周正，以圆形和高圆形果为主，成熟果粉红色、平均单果重200～250g，大果达500g以上；果肉硬，货架保鲜期长，耐运输性好，商品果率高。高抗叶霉病及番茄花叶病毒病。

图3-1 硬粉8号

图3-2 佳粉19号

3. 中寿11-3

中寿11-3是由中国农业大学寿光蔬菜研究院选育的粉果型一代杂交品种（图3-3）。中熟，无限生长型，叶量适中，连续结果能力强，成熟果粉红色，无绿肩，果着色均匀，单果重220g左右，扁圆形至圆形，肉厚，果实大小均匀，果脐和果蒂小，品质佳，果硬，耐储运，果形美观，大小一致，果面光滑。抗黄化曲叶病毒、番茄花叶病毒及枯萎病、黄萎病、叶霉病。

4. 霞粉

霞粉是由江苏省农科院蔬菜研究所培育的粉果型番茄品种（图3-4）。极早熟，有限生长型，果实圆整，粉红色，品质好，口感佳；单果重180～200g。畸形果少，平均每株可坐果20个左右。高抗烟草花叶病毒病、中抗黄瓜花叶病毒病，抗枯萎病，抗裂果，耐运输，亩产5000kg，适宜反季节早熟栽培及越冬栽培。

图3-3　中寿11-3

图3-4　霞粉

5. 粉皇后

粉皇后是由北京绿苗农业技术研究所选育的粉果型番茄一代杂交品种（图3-5）。中早熟，无限生长型，长势强，叶片肾脏形深绿，第1花序着生在6～9叶处，侧枝发达，生长势和抗病性强，高抗烟草花叶病毒病，中抗黄瓜花叶病毒（CMV）病，兼抗叶霉病。坐果率高，果实较大，单果重200～300g，大果达500g，果实近圆形，粉红色，品质佳，皮薄、肉厚，果形好，色泽鲜艳，酸度小，成熟果无绿肩或白肩，不裂果，畸形果率低，丰产性较好，一般亩产6000～8000kg。

6. 欧迪

欧迪是由以色列引进的粉果型番茄品种（图3-6）。高圆果，果实亮粉色，无绿肩，转色快且着色均匀，果脐点状，果肉厚且硬实，货架期长；无限生长型，早熟，不早衰，连续坐果能力强且膨果快，果形均匀一致，单果重280g左右；经连续多年多茬种植，在低温弱光条件下坐果率高，特别耐高温，抗病性强，且耐根结线虫病，适于日光温室、春秋大棚栽培，也可用于露地栽培。

图3-5　粉皇后

图3-6　欧迪

7. 佳红6号

佳红6号是由北京市农林科学院蔬菜研究中心选育的红果型耐储运番茄一代杂交品种（图3-7）。无限生长型，中熟。未成熟果有绿肩，成熟果红色，果肉硬，抗裂果性强，耐储运性好。单果重150～200g，果形周正，稍扁圆形，商品性好。高抗叶霉病及番茄花叶病毒病，抗线虫。适合各种保护地、长季节工厂化兼露地栽培。

8. 瑞菲

瑞菲是由寿光先正达种子有限公司选育的红果型番茄一代杂交品种（图3-8）。无限生长型，中早熟品种。植株长势强，耐热性好，坐果能力强，均匀整齐，果实圆形偏扁，颜色美观，萼片开张，单果重约200g。果实硬度好，耐储运。综合抗病性强，可抗枯萎病、番茄花叶病毒病和条斑病毒病。

图3-7　佳红6号

图3-8　瑞菲

9. 百利

百利是由荷兰瑞克斯旺公司选育的杂交一代番茄品种（图3-9）。早熟、生长势旺盛，坐果率高，丰产性好，耐热耐寒性强，适合于早秋、早春、日光温室和大棚越夏栽培，果实大红色、圆形、中型果，单果重200g左右，果实均匀，色泽鲜艳，口味佳，无裂纹，无青皮现象，质地硬，耐运输、耐储藏，适于出口和外运，抗烟草花叶病毒病、筋腐病和枯萎病。

10. 艾丽莎

艾丽莎是由青岛市农业科学研究院选育的番茄一代杂交品种（图3-10）。中早熟，无限生长型，生长势强，坐果率高，每穗坐果

图3-9　百利

图3-10　艾丽莎

5~7 个，果色红艳，果实美观，花萼狭长，果蒂小，经济性状好。三心室，扁圆，单果重 150 ~ 180g。可溶性固形物含量 4.5% ~ 5.0%。高抗叶霉病，抗烟草花叶病毒病、枯萎病等病害。高产，产量每亩达 10000kg 以上；耐储藏，室温下（25℃）货架期在 15 天以上。

11. 茸毛新秀

茸毛新秀是由西安桑农种业有限公司选育的粉果型番茄品种（图3-11）。无限生长型，粉红果，硬度高，单果重200~250g，无绿果肩，果脐小，果形好，商品果率高；植株长势强，叶量适中，连续坐果能力强，平均亩产可达10000kg以上；植株带绒毛，对蚜虫和白粉虱有明显的机械拮抗作用；再者由于植株表面茸毛形成的特异微环境，对冻害、热害和干旱环境适应能力强。适合早春露地和保护地、秋延迟和越冬茬栽培。

12. 瑞星 5 号

瑞星 5 号是由上海菲图种业有限公司选育的粉果型番茄品种（图3-12）。无限生长型，中熟品种，抗逆性好，抗番茄黄化曲叶病毒、灰叶斑病。不易早衰，连续坐果能力强。果色粉红，果实高圆形，无绿果肩，无棱沟，精品果率高。果实大小一致，单果重 260 ~ 280g。果实硬度高，常温下货架期可达 20 天以上，适合长途运输和储存。是秋延、越冬温室及早春、越夏大棚栽培的理想品种。

图 3-11　茸毛新秀

图 3-12　瑞星 5 号

13. 欧宝4号

欧宝4号是由上海菲图种业有限公司选育的粉果型番茄品种（图3-13）。无限生长型，中早熟品种，抗逆性强，不早衰，抗根结线虫，连续坐果能力极强，具备大红番茄的植株长势和果实硬度。粉红果，果实高圆形，无绿果肩，无棱沟，萼片美观，精品果率高；果实大小一致，单果重230~260g；果肉非常坚硬，常温下货架期可达20天以上，适合长途运输和储存。

14. 以色列608

以色列608是从以色列引进的番茄品种（图3-14）。无限生长型，根系发达，长势强劲，植株粗壮，抗病毒病、早晚疫病，综合抗病性强。坐果能力强、节位低，大小较均匀，果实扁圆形。单果重180~220g；转色快，果色鲜红发亮，无绿果肩，耐裂果，肉厚果硬，货架期长，特别耐储运，商品性状好。一般亩产7500kg左右，高水平栽培、肥水充足时，最高亩产量可达12500kg左右。

图3-13 欧宝4号

图3-14 以色列608

15. 卡迪亚

卡迪亚是由河南欧兰德种业有限公司培育成的抗番茄黄化曲叶病毒的一代杂交品种（图3-15）。无限生长型，长势中等，早中熟，深粉红色，单果重220~250g，大小均匀，易坐果，硬度好，萼片伸展，坐果量大，产量高，耐运输，口感好。市场前景好，综合抗病性一流，抗番茄黄化曲叶病毒病、枯萎病、黄萎病、番茄花叶病毒病、叶霉病及线虫等多种病虫害，是番茄主产区的首选品种。

16. 欧育704

欧育704是由河南欧兰德种业有限公司选育的红果型番茄品种（图3-16）。大红果，无限生长型，果形美观，颜色靓丽，商品性佳，果皮硬，极耐储运，单果重250g左右，极耐热，耐高温多雨，易坐果，抗青枯病，是南方红果番茄生产基地越夏种植的绝佳品种。

图3-15　卡迪亚

图3-16　欧育704

17. 荷引137

荷引137是由荷兰引进的抗番茄黄化曲叶病毒病粉果型番茄新品种（图3-17）。无限生长型，中早熟，单果重250～300g，果形周正，硬度高，色泽亮丽，耐储运，商品性好。该品种长势旺盛，综合抗性好，高抗番茄黄化曲叶病毒、烟草花叶病毒，丰产性好。适宜各地春秋温室、大棚保护地栽培。

18. 粉特优

粉特优是由寿光南澳绿亨农业有限公司培育的粉果型番茄品种（图3-18）。无限生长型，植株长势旺盛，高抗番茄黄化曲叶病毒，连续坐果力强，果实圆形稍扁，果色粉红，单果重250～300g，硬度高，耐储运，具备大红番茄的植株长势和果实硬度，适合边贸出口。

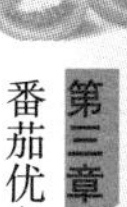

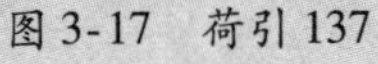
图 3-17 荷引 137

图 3-18 粉特优

19. 倍盈

倍盈是由寿光先正达种业有限公司选育的杂交一代红果型番茄品种（图 3-19）。无限生长型，生长势强，节间中等。易坐果，果实均匀，果圆形稍扁，3～4 心室；平均单果重 200g 左右，果实硬，耐储运。抗叶霉病、枯萎病、黄萎病、根腐病、灰斑病和番茄花叶病毒病等多种病害。

20. 齐达利

齐达利是由寿光先正达种业有限公司选育的杂交一代红果型番茄品种（图 3-20）。无限生长型，中熟品种，植株节间短。果实圆形

图 3-19 倍盈

图 3-20 齐达利

偏扁，颜色美观，萼片开张，单果重约220g；果实硬度好，耐储运。抗番茄黄化曲叶病毒病、番茄花叶病毒病、枯萎病、黄萎病等多种病害。

第二节 中小果型新优品种

1. 粉贝拉

粉贝拉是由山东寿光蔬菜种业集团培育的高抗番茄黄化曲叶病毒和番茄花叶病毒的樱桃番茄品种（图3-21）。无限生长型，圆形，粉红果，亮度好，硬度高，萼片长展，单果重18～20g，口感好，商品性极佳。抗根结线虫。果穗长，复序花，产量极高。2012年秋冬茬在山东、上海、辽宁和陕西种植，取得了非常理想的效果，平均亩产量达到7000kg以上。

2. 红玉女

红玉女是由台湾引进的樱桃番茄品种（图3-22）。植株高秧，叶片较疏，高抗番茄黄化曲叶病毒病、叶斑病、早晚疫病。耐热，早生，复花序，单花穗结果多，果实呈椭圆形，果色红亮，单果重20g左右，糖度10.8度，风味优，果肉多，脆嫩，种子少，不易裂果。适应早春、秋延迟温室大棚种植。

图3-21　粉贝拉

图3-22　红玉女

3. 春桃

春桃是由台湾农友种苗公司引进的小果番茄品种（图3-23）。极早熟，秋播至采收约100天，抗病性强，株高1.7～2.0m，每穗10～12个果，单果重30～40g，属大樱桃番茄。果实桃形，桃红色，果肉脆甜，糖度高，产量高，果菜兼用，每亩产量达7500～8000kg。由于果皮薄、耐储运性差、易裂果，栽培时应特别注意温、光、水的调控。

4. 贵妃

贵妃是由台湾引进的水果型小番茄良种（图3-24）。植株长势强健，无限生长型。单穗结果7～8个以上，果实椭圆形，外形美观，成熟果红色，平均单果重13g左右，大小均匀，抗裂耐储，口味鲜美，容易栽培。

图3-23　春桃

图3-24　贵妃

5. 千禧

千禧是由中国种子集团公司从国外引进的高产、优质、鲜食小果型杂交一代番茄品种（图3-25）。植株长势极强，生长健壮，属无限生长型。株高150～200cm，抗病性强，适应范围广。果柄有节，果实排列密集，单穗可结14～25个果，单株坐果量大。单果重14g左右，果实圆球形，果肉厚，果色鲜红艳丽，风味甜美，不易裂果，产量高，采收期长。

6. 紫玫瑰

紫玫瑰是由美国引进的杂交一代樱桃番茄品种（图3-26）。无限生长型，中早熟，植株长势旺盛，口感佳，硬度高。单果重30g左右，果实圆球形，深紫色，维生素、茄红素含量远远高于普通番茄，极具营养保健价值；无裂果，整齐度好，栽培容易，可以填补目前市场空白。适合越夏、秋延迟、南方露地栽培及北方全年保护地栽培。

图3-25　千禧

图3-26　紫玫瑰

7. 金珠

金珠是由台湾农友种苗公司培育成的黄色小番茄品种（图3-27）。无限生长型，植株生长势强，结果能力强，单花序坐果15个左右，果实椭圆形，果面平滑光亮，果色金黄。果实大小均匀，单果重13g左右，维生素C含量达30.8mg/100g鲜重，可溶性固性物含量高达10.14mg/100g鲜重，品质极佳。果皮韧性好，耐储运，综合抗性好，产量高，适宜保护地和露地栽培。

8. 绿宝石1号

绿宝石1号是由北京市农林科学院培育的樱桃番茄品种（图3-28）。蔓生型，无限生长型，株高在2m以上，根系发达，再生能力强。复总状花序，每个花序有花10朵以上，成熟果绿色，略

带透明状，单果重20g左右，果肉绿色透亮如水晶，果味清香带酸，叶片深绿。植株综合抗性好，对病毒病、叶霉病和疫病抗性强，适宜保护地栽培。

图3-27 金珠

图3-28 绿宝石1号

第三节 加工番茄品种

1. 红杂16

红杂16是由中国农科院蔬菜花卉研究所选育的番茄一代杂交品种，既适宜作罐藏加工，又可作鲜果远销（图3-29）。早熟，属有限生长型。植株长势强，株高32～40cm，叶量适中，第1花序着生于第5～6节，之后每间隔1～2叶着生1个花序，主茎一般着生3～4个花序后自行封顶。坐果率高，果实卵圆形，果脐、果蒂小。成熟果红色，单果重50～60g，果肉厚0.7～0.8cm，果肉紧实，抗裂，耐压，田间无裂果。果实可溶性固形物含量为5.2%，每100g鲜果含番茄红素9.7mg。高抗番茄花叶病毒病。一般亩产在4000kg以上。适于华北、西北、东北及广西、湖南、湖北、云南等地露地支架或无支架栽培。

2. 红杂35

红杂35是由中国农科院蔬菜花卉研究所选育的罐藏加工专用一代杂交品种（图3-30）。属有限生长型，植株长势中等，第1花序着生于第 6 节，果实圆形，成熟果实红色，果色均一。单果重 70 ~ 80g，果肉紧实，抗裂，耐压。果实可溶性固形物含量为 5% ~ 5.2%，每 100g 鲜果含番茄红素 9.6mg。极早熟，从播种至成熟仅需 100 天，果实成熟集中。一般亩产在 4000kg 以上。适于湖南、湖北、新疆、甘肃、黑龙江、宁夏、内蒙古、广西、云南等地露地支架或无支架栽培。

图 3-29　红杂 16

图 3-30　红杂 35

3. 黑格尔 87-5

黑格尔 87-5 是由新疆石河子蔬菜研究所选育的罐藏番茄专用品种。早熟，属有限生长型。株高 60cm 左右，一般着生 4 个花序后自行封顶。果实长椭圆形，红色，单果重 50 ~ 60g，果实可溶性固形物含量为 4.7% ~ 4.9%，每 100g 鲜果含番茄红素 9mg。果实抗裂，耐压，耐储运。一般亩产 3500 ~ 4000kg。适于新疆、甘肃、宁夏等地露地支架或无支架栽培。

4. 新番 8 号

新番 8 号是由新疆石河子蔬菜研究所选育的罐藏番茄专用一代杂交品种。属有限生长型，植株长势强，叶片肥大，第 1 花序着生于第 7 ~ 8 节，一般着生 3 ~ 4 个花序后自行封顶。果实长圆形，深红色，单果重 80g，果实可溶性固形物含量为 5.5%，每 100g 鲜果含番茄红素 11.6mg。果实抗裂，耐压，耐储运，抗番茄早疫病、晚疫病和病毒病。早熟种，地膜覆盖栽培从播种到成熟需 105 天。一般亩产 6000kg。适于新疆、甘肃、内蒙古、宁夏、云南、海南等地露地无支架栽培。

5. 新番7号

新番7号是由新疆石河子蔬菜研究所选育的罐藏番茄专用一代杂交品种。属有限生长型，植株长势强，株高78cm，第1花序着生于第6~8节，一般着生3~4个花序后自行封顶。果实长圆形，深红色，单果重75g，果实可溶性固形物含量为5.6%，每100g鲜果含番茄红素11mg。一般亩产6000~8000kg。适于新疆、甘肃、内蒙古、宁夏、云南、海南等地露地无支架栽培。

6. 石红9号

石红9号是由新疆石河子蔬菜研究所和石河子天园农业科技有限责任公司共同选育的罐藏番茄专用一代杂交品种。属有限生长型，植株长势中等偏强，叶色深绿，株高72cm左右，主茎7~8片叶现蕾，第3~4穗花封顶。果实深红色，色泽鲜艳，高球形，单果重85g，果肉厚，果实可溶性固形物含量为5.6%，每100g鲜果含番茄红素15.7mg。果实抗裂，耐压，耐储运。适于新疆、甘肃、宁夏等地露地支架或无支架栽培。

7. 东农706

东农706是由东北农业大学园艺系选育的加工、鲜食兼用的一代杂交品种。早熟种，植株为有限生长型，一般着生2~3个花序封顶。果实高球形，成熟果红色，单果重60~70g，耐储运。果实可溶性固形物含量为5.0%，每100g鲜果含番茄红素8.5mg。抗烟草花叶病毒病，耐黄瓜花叶病毒病。适于春季露地大田栽培。

第四章 番茄棚室栽培常用设施的设计与建造

番茄保护地栽培的常用设施是小拱棚、塑料大棚和日光温室。本章以寿光常用番茄棚室栽培设施为例，分别介绍不同棚室的设计与建造方法。

第一节 塑料拱棚的设计与建造

一 小拱棚的设计与建造

小拱棚的跨度一般为1～3m，高0.5～1m，结构简单，造价低，一般多用轻型材料建成。骨架可由细竹竿、毛竹片、荆条、直径6～8mm的钢筋等材料弯曲而成。

（1）小拱棚的主要类型 小拱棚的主要类型包括拱圆小棚、拱圆棚加风障、半墙拱圆棚和单斜面棚，如图4-1所示。生产应用较多的是拱圆小棚。

（2）拱圆小棚的结构与建造 拱圆小棚棚架为半圆形，高0.8～1m、宽1.2～1.5m，长度因地而定。地面覆盖地膜，骨架用细竹竿按棚的宽度将两头插入地下形成圆拱，拱杆间距30cm左右。全部拱杆插完后，绑3～4道横拉杆，使骨架成为一个牢固的整体，如图4-2所示。覆盖薄膜后可在棚顶中央留一条放风口，采用扒缝放风。为加强防寒保温，棚的北面可加设风障，棚面上于夜间再加盖草苫。

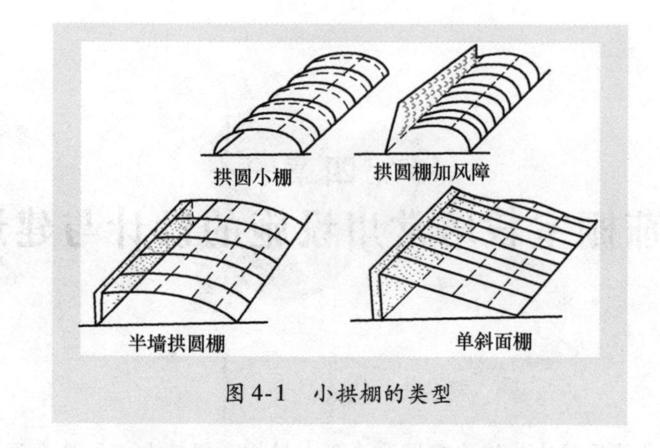

图 4-1　小拱棚的类型

图 4-2　搭建拱圆小棚

二 塑料大棚的设计与建造

番茄生产用塑料大棚主要包括竹木结构大棚和热镀锌钢管拱架大棚（图 4-3）。

1. 类型

塑料大棚按棚顶形状可以分为拱圆形和屋脊型，我国绝大多数为拱圆形；按骨架结构则可分为竹木结构、水泥预制竹木混合结构、钢架结构、钢竹混合结构等，前两种一般为有立柱大棚；按连接方式又可分为单栋大棚和连栋大棚两种（图 4-4）。

图 4-3　竹木结构棚和热镀锌钢管拱架大棚

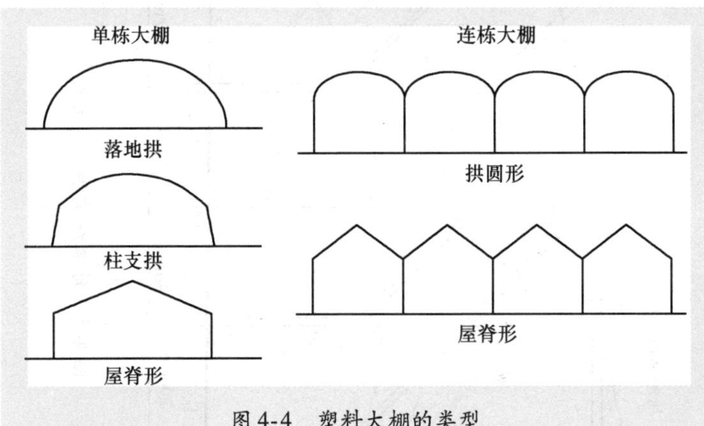

图 4-4　塑料大棚的类型

2. 结构

大棚棚型结构的设计、选择和建造，应把握以下 3 个方面。

1）棚型结构合理，造价低；结构简单，易建造，便于栽培和管理。

2）跨度与高度要适当。大棚的跨度主要由建棚材料和高度决定，一般为 8 ~ 12m。大棚的高度（棚顶高）与跨度的比例应不少于 0.25。竹木结构和钢架结构拱圆大棚结构图，如图 4-5、图 4-6 所示。

3）设计适宜的跨拱比。性能较好棚型的跨拱比为 8 ~ 10。跨拱比 = 跨度/(顶高 - 肩高)。以跨度 12m 为例，适宜顶高为 3m，肩高不低于 1.5m，不高于 1.8m。

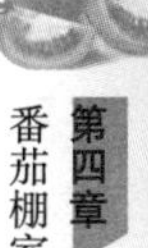

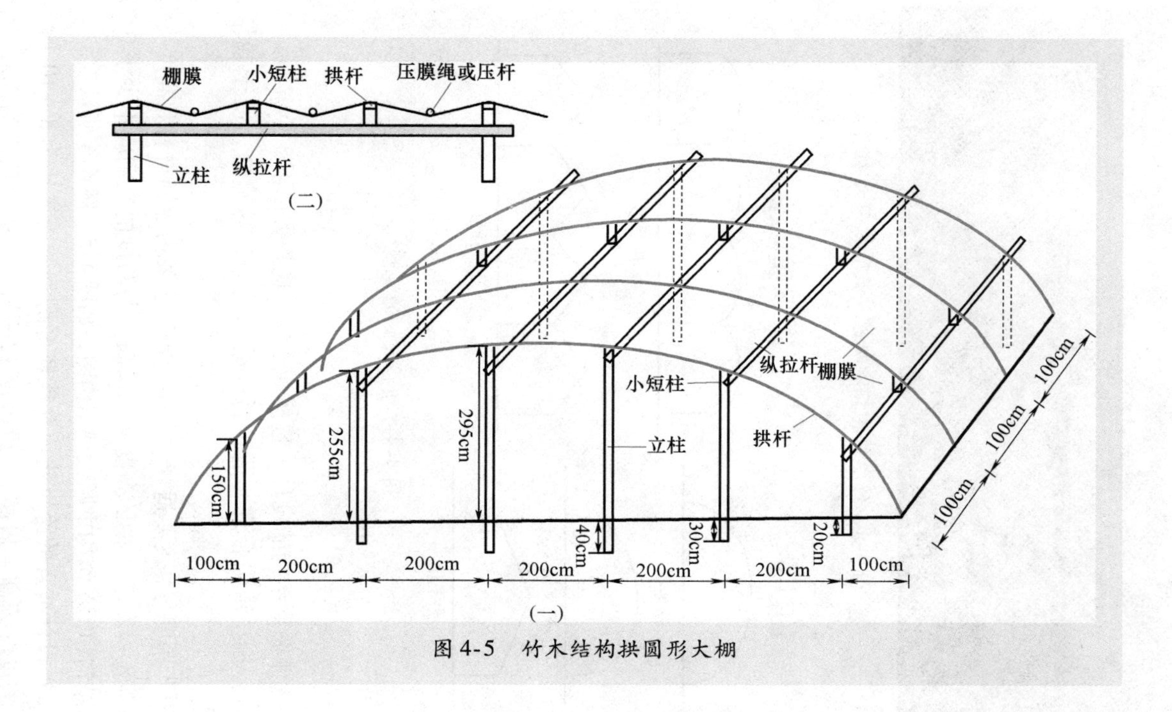

图4-5　竹木结构拱圆形大棚

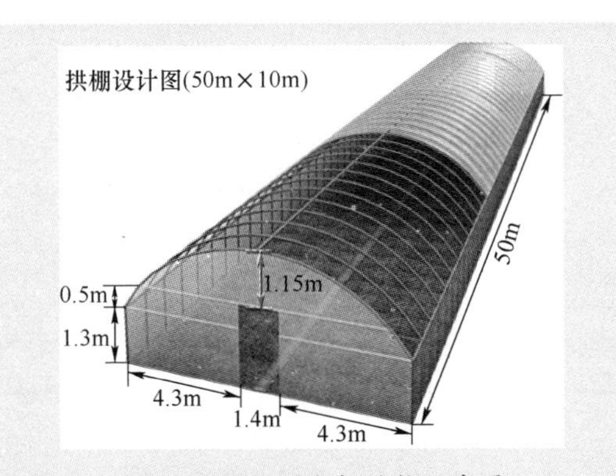

图 4-6　拱圆型大棚结构示意图

【提示】 在实际生产中塑料大棚的跨度和长度应根据当地生产习惯和管理经验而确定，如昌乐和寿光的竹木结构塑料大棚跨度和长度分别可达 16m 和 300m 以上，双连栋大棚跨度可在 20m 以上（图 4-7）。

3. 建造

(1) 竹木结构塑料大棚

竹木结构大棚主要由立柱、拱杆（拱架）、拉杆、压杆等部件组成，俗称“三杆一柱”，此外，还有棚膜和地锚等。

图 4-7　典型双连栋竹木结构塑料大棚

1）立柱。立柱起支撑拱杆和棚面的作用，呈纵横直线排列。纵向与拱杆间距一致，每隔 0.8 ~ 1m 设一根立柱，横向每隔 2m 左右设一根立柱。立柱直径为 5 ~ 8cm，高度一般为 2.4 ~ 2.8m，中间最高，向两侧逐渐变矮成自然拱形（图 4-8、图 4-9）。

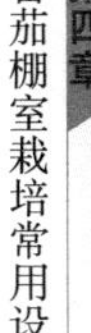

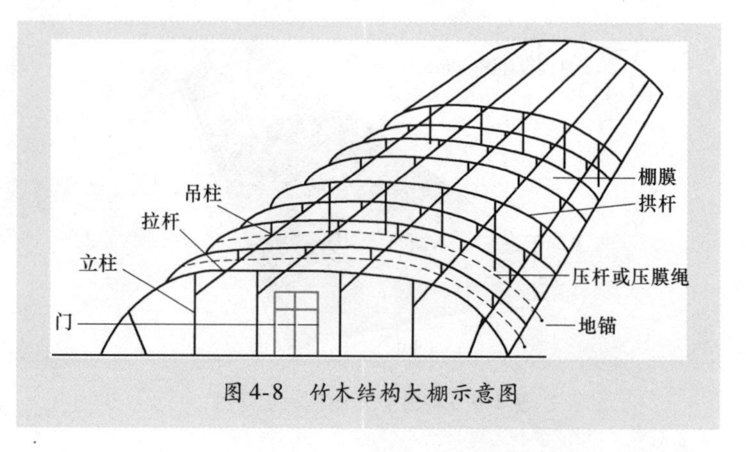

图 4-8　竹木结构大棚示意图

2）拱杆。拱杆是塑料大棚的骨架，决定大棚形状和空间构成，并起支撑棚膜的作用。拱杆可用直径 3～4cm 的竹竿按照大棚跨度要求连接而成。拱杆两端插入地下或捆绑于两端立柱之上，其余部分横向固定于立柱顶端，呈拱形（图 4-10）。

图 4-9　立柱安排实例

图 4-10　拱杆实例图

3）拉杆。起纵向连接拱杆和立柱、固定压杆的作用，使大棚骨架成为一个整体。拉杆一般为直径3～4cm的竹竿，长度与棚体长度一致（图4-11）。

图4-11 拉杆实例图

4）压杆。压杆位于棚膜上两根拱杆中间，起压平、压实、绷紧棚膜的作用。压杆两端用铁丝与地锚相连，固定于大棚两侧土壤中。压杆以细竹竿为材料，也可以用8号铁丝或尼龙绳代替，拉紧后两端固定于事先埋好的地锚上（图4-12）。

图4-12 压杆、压膜铁丝和地锚

5）棚膜。棚膜可以选用0.1～0.12mm厚的聚氯乙烯（PVC）、聚乙烯（PE）薄膜及0.08mm醋酸乙烯（EVA）薄膜、聚烯烃薄膜（PO膜）等。棚膜宽幅不足时，可用电熨斗加热粘连。若大棚宽度

小于10m，可采用“三大块两条缝”的扣膜方法，即三块棚膜相互搭接（重叠处宽大于20cm，棚膜边缘烙成筒状，内可穿绳），两处接缝位于棚两侧距地面约1m处，可作为放风口扒缝放风。如大棚宽度大于10m，则需采用“四大块三条缝”的扣膜方法，除两侧封口外顶部一般也需要设通风口（图4-13）。

图4-13　简易大棚两侧和顶部通风口

两端棚膜的固定可直接在棚两端拱杆处垂直将薄膜埋于地下，中间部分用细竹竿固定，中间棚膜用压杆或压膜绳固定（图4-14）。

图4-14　两端及中间棚膜的固定

6）大棚建造时可在两端中间两立柱之间安装简易推拉门。外界气温低时，在门外另附两块薄膜相搭连，以防门缝隙进风（图4-15）。

图 4-15　两端开门及外附防风薄膜

【提示】 大棚扣塑料薄膜应选择无风晴天上午进行。先扣两侧下部膜，拉紧、理平，然后将顶膜压在下部膜上，重叠20cm以上，以便雨后顺水。

寿光等地在生产蔬菜中采用的上述简易竹木结构塑料大棚，具有造价便宜、易学易建、技术成熟、便于操作管理等优点，因而得到了广泛推广和应用。农民朋友在选择大棚设施时不可盲目追求高档，而应就地采用价廉耐用材料，以降低成本，增加产出。

（2）钢架结构塑料大棚 钢架结构大棚的骨架是用钢筋或钢管焊接而成。其拱架结构一般可分为单梁拱架、双梁平面拱架和三角形拱架3种，前两种生产较为常见。拱架一般以 $\phi12\sim18$mm 圆钢或金属管材为材料，双梁平面拱架由上弦、下弦及中间的腹杆连成桁架结构，三角形拱架则由3根钢筋和腹杆连成桁架结构（图4-16、图4-17）。

通常大棚跨度为10～12m，脊高2.5～3.0m。每隔1.0～1.2m埋设一拱形桁架，桁架上弦用 $\phi14\sim16$mm 钢管、下弦用 $\phi12\sim14$mm 钢筋、中间用 $\phi10$mm 或 $\phi8$mm 钢筋作为腹杆连接。拱架纵向每隔2m以 $\phi12\sim14$mm 钢筋拉杆相连，拉杆焊接于平面桁架下弦，将拱架连为一体（图4-18）。

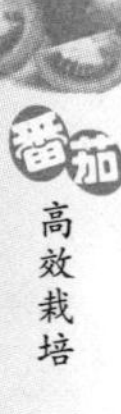

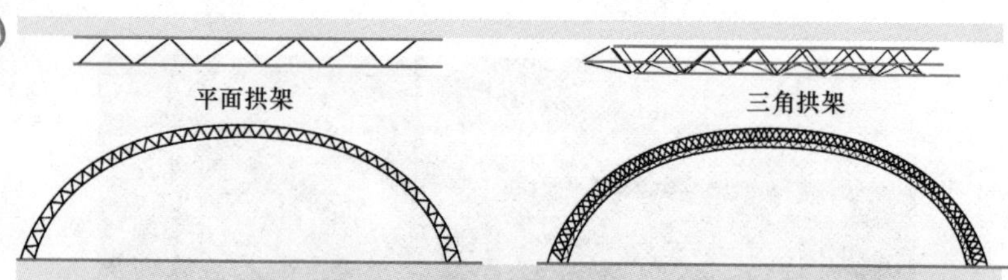

图 4-16　钢架单栋大棚桁架结构示意图

图 4-17　钢架大棚桁架结构

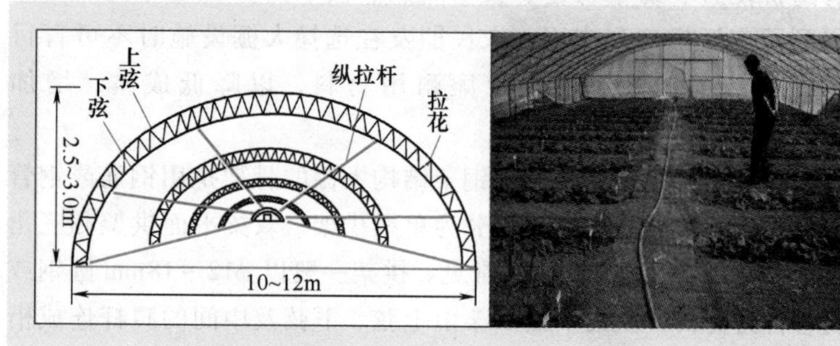

图 4-18　钢架桁架无立柱大棚（左：示意图　右：实图）

钢架结构大棚采用压膜卡槽和卡膜弹簧固定薄膜，两侧扒逢通风。也可在最外两侧立柱间安装简易摇臂，卷帘通风。该型大棚具有中间无立柱、透光性好、空间大、坚固耐用等优点，但一次性投资较大。跨度 10m、长 50m 的钢架结构塑料大棚材料及预算，见表 4-1。

表 4-1　跨度 10m、长 50m 的钢架结构塑料大棚材料及预算

项目	材料	数量或规格	总价/元
拱架	32mm 热镀锌无缝钢管	1822. 3kg	10022. 6
横向拉杆	32mm 热镀锌无缝钢管	692kg	3806
拱架水泥固定座		3. 69m^3	1107
薄膜	无滴膜	700m^2	2100
推拉门		2 个	500
压膜绳		4 股 320 丝塑料绳或直径 4mm、每千克长度约 74m 规格的塑料绳	540
卡槽		180m	500
卡子		200 个	100
合计			18975. 6

第二节　日光温室的设计与建造

目前北方番茄生产用日光温室多以寿光V型塑料日光温室（图4-19）

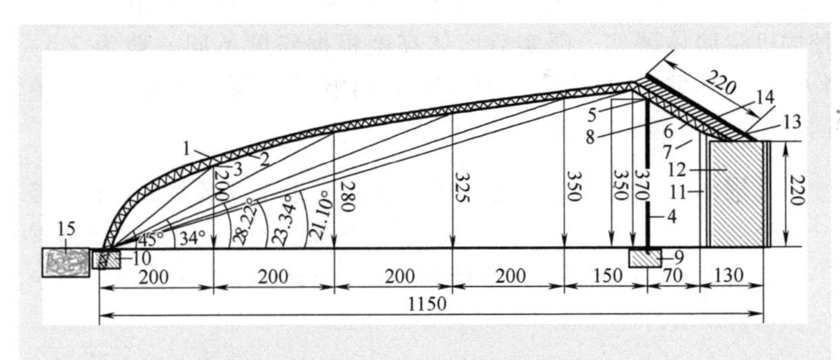

图 4-19　寿光 V 型塑料日光温室示意图　（单位：cm）

1—拱梁上弦钢管　2—拱梁下弦钢筋　3—拱梁拉花钢筋　4—镀锌钢管后立柱　5—钢管横梁　6—后坡铁架东西拉三角铁　7—后坡铁架连接后立柱的三角铁板　8—后坡铁架坡向三角铁板　9—固定后立柱的水泥石墩　10—固定拱梁的水泥石墩　11—后墙砖皮泥皮　12—后墙心土　13—后坡水泥预制板　14—后坡保温层　15—防寒沟

为范本建造，其结构主要由后墙和山墙、后屋面、前屋面和保温覆盖物四部分组成。温室为东西方向，坐北朝南，偏西5°~10°。根据温室拱架和墙体结构不同一般可分为土墙竹木结构温室和钢拱架结构温室。

一 土墙竹木结构温室的设计与建造

该型温室是目前我国北方生产应用最广泛的温室，不仅造价低廉，而且土建墙体蓄热和保温效果良好，栽培效果较佳。典型的寿光竹木结构土建温室如图4-20所示。

图4-20 寿光竹木结构土建温室

1. 墙体

确定好建造地块后，用挖掘机就地挖土，堆成温室后墙和山墙，后墙底部宽度应在3m以上，顶部超过2m。堆土过程中用推土机或挖掘机将墙体碾实，碾实后墙体高度根据跨度不同一般为3.5~4.0m。墙体堆好后，用挖掘机将墙体内侧切削平整，并将表土回填。同时在一侧山墙开挖通道（图4-21）。

【提示】 挖土堆墙以前，可先将20cm表土（属熟土）挖出置于温室南侧，待墙体建成后回填，有助于蔬菜栽培。应注意前后温室之间的间距，冬季时前温室不能遮挡后温室蔬菜，间距以前温室高度（含草苫）的2倍为宜。

2. 后屋面

在后墙上方建造后屋面，后屋面内侧长度一般为1.5m左右，与水平角度为38°~45°。在北纬32°~43°地区，纬度越低后屋面角度可适当加大，反之角度减少。紧贴后墙埋设水泥立柱顶住后屋面椽头，之间以铁丝绑扎（图4-22）。

图 4-21　墙体与通道

图 4-22　后屋面立柱

【提示】 后屋面高度数值与跨度相关，一般以跨度与高度比约 2.2 为宜。

3. 前屋面

竹木土建温室的跨度一般为 10 ~ 12m，根据跨度大小前屋面埋

设3～4排水泥立柱，立柱间隔为4m左右，顶端与竹竿相连，起支撑棚面的作用。同时，在竹拱杆的上方每隔20cm东西向拉8号铁丝锚定于两侧山墙。拉东西铁丝的主要作用是使棚面更加平整，同时便于棚上除雪等农事操作（图4-23）。

图4-23　温室前屋面

【注意】　前屋面角度是指温室前屋面底部与地面的夹角。在一定范围内，增大前屋面角可增加温室透光率。一般而言，北纬32°地区前屋面角（屋脊至透明屋面与地面交角处的连线）应在20.5°以上，而北纬43°地区前屋面角应在31.5°以上。前屋面底角地面处的切线角度应为60°～68°。

此外，日光温室建设中还应考虑适宜的前后坡比和保温比。前后坡比是指前坡和后坡垂直投影宽度的比例，一般以4.5∶1左右为宜。保温比为温室内土地面积与前屋面面积之比，一般以1∶1为宜，保温比越大，保温效果越好。

4. 薄膜、保温被与放风口

温室透明覆盖材料多采用保温、防雾滴、防尘、抗老化和透光衰减慢的乙烯-醋酸乙烯多功能复合膜（EVA膜）或聚烯烃薄膜（PO膜）。近年来，不透明保温材料由草苫等向保温性能更好的针刺毡保温被或发泡聚乙烯保温被等发展（图4-24）。

温室顶部留放风口。风口设置可通过后屋面前窄幅薄膜与前屋面大幅薄膜搭连，两幅薄膜搭连边缘穿绳，由滑轮吊绳开关风口（图4-25）。

图 4-24　普通保温被和发泡聚乙烯保温被

图 4-25　放风口

5. 电动卷帘机

电动卷帘机因结构简单耐用，价格适中，可以大大降低劳动强度等优点而受到种植户的欢迎。寿光应用较多的折臂式卷帘机主要包括支架、卷臂、机头等部件（图 4-26）。

图 4-26　电动卷帘机

6. 其他辅助设施

温室的辅助设施主要包括山墙外缓冲间、温室沼气设备和光伏太阳能设备等。为防止冷风直接进入通道，也有利于存放生产资料，可以在一侧山墙外建缓冲间（图4-27）。

图4-27　缓冲杂物间

为充分利用秸秆等蔬菜垃圾，积极发展循环农业，有条件的地区可在温室内设置建造沼气设备。沼液、沼渣可作为有机肥还田，沼气可作为沼气灯燃料用于蔬菜补光。高档沼气设备及普通温室用沼气罐如图4-28、图4-29所示。

图4-28　高档沼气设备

图4-29　普通温室用沼气罐和沼气灯

此外，棚室蔬菜滴灌技术、二氧化碳施肥技术等新技术在部分

地区得到了推广应用。二氧化碳发生器如图4-30所示。

图4-30　二氧化碳发生器

在规模化经营的现代农业公司提倡应用光伏能源转化发电，产生的清洁能源可广泛应用于温室蔬菜补光、加温等（图4-31）。

图4-31　温室光伏太阳能设备

【提示】 对于温室栽培新技术的引进和应用，务必坚持先引进示范然后再行推广的原则，不可盲目迷信新兴技术，以免达不到预期效果，造成生产投入的浪费。

二　钢拱架结构温室的设计与建造

该型温室采用双弦钢管或钢筋拱架，双层砖砌墙体，这种墙体可以克服土建温室内侧土墙湿度大易发生倒塌及外墙易遭雨水冲刷等缺点，因而坚固耐用。缺点是造价较高，因而不提倡一般个体种植业者采用。

同时，钢拱架由于曲度和支撑力均远高于竹竿，因此这种温室在保证前屋面有更为合理的采光角度的同时，提高了温室前部的高度，温室内南边蔬菜生长空间得以改善（图4-32）。

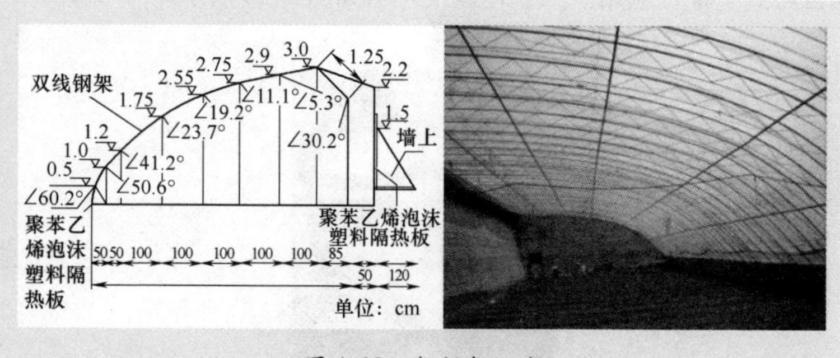

图 4-32　钢拱架温室

1. 墙体

墙体建造有两种方法。一种是先砌两层 24cm 厚（一层砖厚 12cm）的砖墙，墙体间距 1.5m 左右，每隔 2.8m 左右加一道拉接墙将两层砖拉在一起，以防墙体填土撑开。为提高墙体整体承重，还需在墙体下部加设圈梁。在两层墙之间填土或保温材料，墙体顶部以砖砌平，水泥固化，应注意后墙顶部外侧高度应低于放拱架处高度，以免雨水从顶部渗入温室内部。另一种方法是和土建温室一样先堆土墙，然后墙体内墙贴水泥泡沫砖，墙面抹水泥面出光，外墙则以水泥板覆盖，水泥抹缝。为节约成本，外墙体也可用废旧保温被或农膜覆盖（图 4-33）。

图 4-33　温室内外墙体

【提示】　北方地区温室后墙体和山墙厚度以保持在 2m 以上为宜，若砖砌墙体厚度小于 1m，则后墙蓄热和保温效果很难满足北方越冬茬茄果类和瓜类蔬菜的生产。

2. 拱架

温室采用双弦钢拱架，即将钢管（ϕ32mm）和钢筋（ϕ13mm）用短钢筋连接在一起。根据温室跨度不同，一般每隔 1.0 ~ 1.5m 设置一个拱架。拱架之间每隔 3m 左右以东西向钢管连接。拱架上方每隔 30cm 左右东西向横拉 8 号铁丝锚定于东西山墙。

拱架上部放于后墙顶部水泥基座，拱架后部弯曲要保证后屋面有足够大的仰角，以便于阳光入射屋面内侧，蓄积热量。拱架下端固定于温室前沿砖混结构的基座上（图 4-34）。

图 4-34　拱架上端和下端固定

3. 后屋面

温室顶部以一道钢管或角铁将拱架顶部焊接在一起，以保证后屋面的坚固性。后屋面建筑材料多为石棉瓦、薄膜、毛毯包被玉米秸等；外面覆盖水泥板，水泥板间预设绑缚压膜绳用的铁环，水泥砂浆抹面，以防进水（图 4-35）。

图 4-35　后屋面内外侧

4. 其他设施

温室山墙外可设置台阶，以便上下温室进行生产作业（图4-36）。

图4-36　台阶

第五章
番茄育苗技术

蔬菜的育苗技术主要包括传统育苗技术、穴盘基质育苗技术和嫁接育苗技术。近年来随着蔬菜栽培技术的发展进步，穴盘基质育苗已取代传统育苗成为主流，该技术有效提升了种苗的生产效率，保障了种苗质量和供苗时间，并可节约种量1/2以上。种苗定植后易成活，缓苗快，从而使种苗标准化、集约化、工厂化生产成为可能。为防止番茄根结线虫等土传病害的发生，部分地区也尝试采用抗病番茄砧木进行劈接法嫁接育苗，但应用范围尚不大。以下主要介绍番茄的常规育苗和穴盘基质育苗。

番茄既可露地越夏栽培，也可棚室栽培。棚室蔬菜因茬口不同而采用的设施和栽培模式也显著不同，常见蔬菜作物茬口安排，见表5-1。棚室番茄栽培茬口主要为越夏栽培、秋延迟茬、冬春茬、秋冬茬和越冬茬。

表5-1　常见蔬菜作物茬口安排

茬　口	温室、大棚类型	育苗时间	定植时间	适宜蔬菜
秋冬茬	日光温室、单坡面大棚、中拱棚	8月中旬遮阴棚育苗	9月中旬定植，初冬或新年供应市场，2月上中旬拔秧	番茄、甜瓜、西葫芦、花椰菜、韭菜等

（续）

茬　口	温室、大棚类型	育苗时间	定植时间	适宜蔬菜
越冬茬	日光温室	8月下旬～9月上旬播种育苗	10月中、下旬定植，12月下旬～1月上旬采收，第二年5～6月拔秧	番茄、黄瓜、茄子、辣椒、丝瓜、苦瓜等
冬春茬	单坡面大棚、拱圆大棚、部分日光温室、中拱棚	12月中下旬播种育苗	2月下旬～3月上旬定植，4月下旬～5月上旬采收，7月上旬拔秧	厚皮甜瓜、西葫芦、番茄、辣椒、菜豆等
秋延迟茬	阳畦、小拱棚、部分中拱棚	7月中下旬播种育苗	8月中下旬定植，12月上旬拔秧	番茄、辣椒、西葫芦、甜瓜、芹菜、花椰菜等
早春茬	阳畦、小拱棚、部分中拱棚	1月下旬～2月上旬播种育苗	2月下旬～3月上旬定植，6月底拔秧	番茄、甜瓜、茄子、辣椒、西葫芦、菜豆等

第一节　番茄常规育苗技术

番茄常规育苗技术主要包括营养土块育苗和营养钵育苗技术。生产上常用苗床有冷床（阳畦）、酿热温床、电热温床和火炕温床等。棚室番茄产区低温季节多在塑料大棚或日光温室中建造酿热温床和电热温床育苗，以电热温床育苗较为常见。本节主要介绍冬春茬番茄常规育苗技术。

一　冬春茬番茄常规育苗技术

1. 苗床建造

(1) 酿热温床建造　温床因其在地平面位置不同可分为地上温床、地下温床和半地下温床，生产上以半地下温床较为常用。先在小拱棚、塑料大棚或日光温室中深挖床坑，床宽 1.5～2.0m、深 0.3～0.4m，长度依需而定。床底部应做成南深北浅，中间凸起，呈弧形，以温床不同部位酿热物厚度不同调节整床土温一致（图5-1）。播前 10 天左右，先在床底均匀垫铺 4～5cm 厚的碎草或麦秸并踏实，以利于隔热和通气，其上每平方米撒生石灰 0.4～0.5kg 消毒。

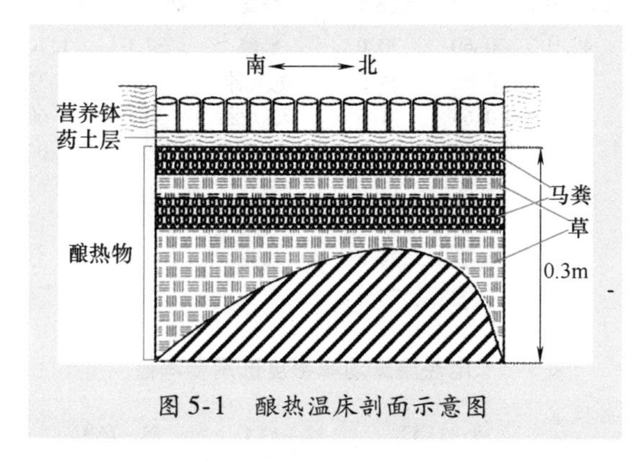

图 5-1　酿热温床剖面示意图

酿热物一般由新鲜马粪、新鲜厩肥或饼肥（60%～70%）和作物秸秆（30%～40%）组成，用人粪尿湿润并搅拌酿热物，使其保持含水量在 70% 左右，碳氮比以（20～30)/1 为宜。各种酿热物的碳氮比，见表5-2。酿热材料在播前 7～10 天填床，填充厚度 30～35cm。分层填入，每填充 10～15cm 稍踩紧，保持酿热物疏松适度。填料后及时覆盖塑料薄膜，晚上加盖草苫促酿热物尽快发热。3～5 天后，当温度升至 35～40℃时，在酿热物上方铺填 2～3cm 厚的细土，然后将营养钵排放至苗床，并喷透水。如果采用营养土块育苗方法，则覆营养土厚度应为 10cm 左右，浇透水后按照 8cm×8cm 的规格切块，在缝隙中填入草木灰，避免起苗时营养土块散碎，从而保护根系完整。据测定，酿热物生热一般可维持 40 多天。

（2）电热温床　是指在苗床底部铺设电热线或远红外电热膜，利用其产生的热能或发出远红外光线的热效应提高床温。近年来，远红外电热膜因其热效率高、节能、操作简单易行等优点在生产上有取代电热线的趋势。

1）电热线或电热膜的选择。番茄冬春茬电热温床育苗所需电热

线功率，北方地区一般为 80 ~ 120W/m²，南方地区一般为 60 ~ 80W/m²，温室中应用的功率略低，塑料大棚中应用的功率略高。表 5-3中列出了电热温床电热线或电热膜功率的选择参考值。

表 5-2　常见酿热物的碳氮含量及碳氮比

种类	碳（%）	氮（%）	碳氮比	种类	碳（%）	氮（%）	碳氮比
稻草	42.0	0.60	70.0	米糠	37.0	1.70	21.8
大麦秆	47.0	0.60	78.3	纺织屑	59.2	2.32	25.5
小麦秆	46.5	0.65	71.5	大豆饼	50.0	9.00	5.6
玉米秆	43.3	1.67	25.9	棉籽饼	16.0	5.00	3.2
新鲜厩肥	75.6	2.80	27.0	牛粪	18.0	0.84	21.4
速成堆肥	56.0	2.60	21.5	马粪	22.3	1.15	19.4
松落叶	42.0	1.42	29.6	猪粪	34.3	2.12	16.2
栎落叶	49.0	2.00	24.5	羊粪	28.9	2.34	12.4

表 5-3　电热温床功率密度选用参考值（单位：W/m²）

设定地温＼基础地温	9 ~ 11℃	12 ~ 14℃	15 ~ 16℃	17 ~ 18℃
18 ~ 19℃	110	95	80	—
20 ~ 21℃	120	105	90	80
22 ~ 23℃	130	115	100	90
24 ~ 25℃	140	125	110	100

根据苗床面积确定电热线功率和电热线长度，按照以下公式计算布线条数和线距。

布线条数 =（电热线长度 − 床宽 ×2）÷ 苗床长度

【注意】 布线的条数应取偶数，以使电热线的两个接头位于苗床的同一端，分别连接温控仪和电源。

线距 = 床宽/（布线条数 + 1）

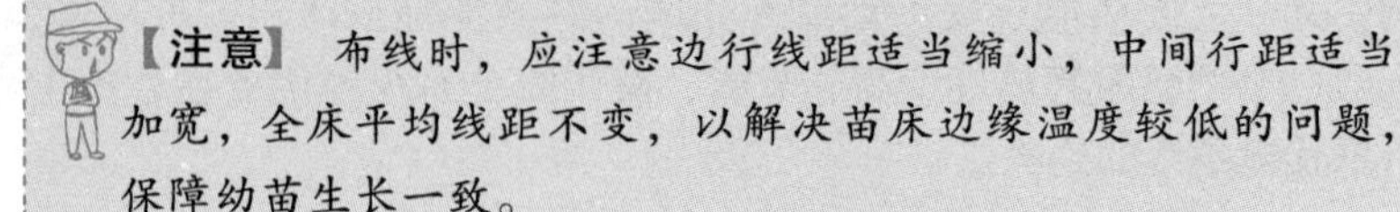

【注意】 布线时，应注意边行线距适当缩小，中间行距适当加宽，全床平均线距不变，以解决苗床边缘温度较低的问题，保障幼苗生长一致。

电热膜可根据所需功率选择相应规格产品，如“广东暖丰科技有限公司”的系列产品等。

2）电热温床的建造。首先在棚室中挖宽1.2～1.5m、深30cm的床坑，挖出的床土做成四周田埂。坑底铺撒10～12cm厚麦秸、稻草或麦糠等作为隔热层。摊平踏实后，隔热层上再铺3～4cm厚细土，并踏实刮平。进行电热线布线时，取长度10cm左右的小木棍，按照线距固定于苗床两端，每端木棍数与布线条数相同（图5-2）。先将电热线固定于苗床一端最靠边的一根木棍上，手拉电热线到另一端绕住2根木棍，然后返回绕住2根木棍，如此反复，最后将引线留于床外。布线完毕，加装温控仪并接通电源，用电表检查线路是否畅通。之后拔除木棍并在电热线上撒2～3cm厚的细土，整平踏实，以埋住并固定电热线。最后再填实营养土浇水后切块或覆细土后排放营养钵。

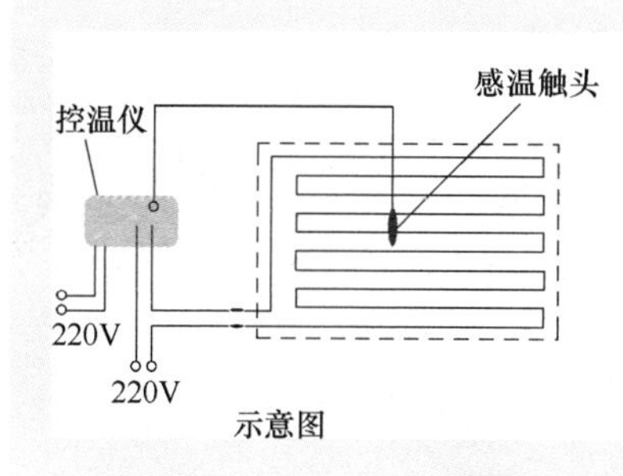

示意图

实图

图5-2　电热线布线图

【注意】应使电热线贴到踏实刮平的床土上，并拉紧拉直，不得打结、交叉、重叠或间距过小（线距不少于1.5cm）；电热线不得加长或截短，需要多根电热线时只能并联，不得串联；对苗床进行农事操作时，应先切断电源，并防止线路短路；使用完后，电热线应轻拉轻取，安全储存。

2. 营养土的配制

不论营养土块还是营养钵育苗均需配制营养土。营养土的原料

主要为园土（2~3年未种植过茄果类作物的园土，取0~20cm深的表层土）、粪肥、饼肥或草炭、适量化肥等。常见营养土配比：一是园土2/3，腐熟粪肥（或草炭）1/3，每立方米加入氮磷钾复合肥1.5kg或尿素0.2kg、过磷酸钙0.25kg、硫酸钾0.5kg。二是园土5/10，腐熟粪肥3/10，草炭2/10，每立方米加入氮磷钾复合肥1.5kg或磷酸二铵0.5kg、硫酸钾0.5kg。

【注意】 有机肥和过磷酸钙均需打碎过筛后充分拌匀。

营养土配制过程中需进行消毒。常用的消毒方法为每立方米营养土搅拌时掺入50%甲基硫菌灵可湿性粉剂或50%多菌灵可湿性粉剂80~100g。或每立方米营养土搅拌过程中用40%福尔马林200~300mL兑水25~30L，搅匀后均匀喷入土中。用塑料薄膜覆盖闷2~3天后摊开，待药气散尽后使用（图5-3）。

【注意】 营养土堆制应在使用前1~2个月进行，所用有机肥要充分腐熟方可使用。

3. 营养钵或营养土块制作

番茄育苗用营养钵多采用软质黑色聚氯乙烯圆台形塑料杯，适宜规格为杯口直径10~12cm，杯高12~14cm。向钵内装土时不要过满，装至距钵沿2~3cm即可。将营养钵整齐地摆放于苗床内（图5-4）。

图5-3 育苗用营养土

【营养土块制作方法】 在苗床底部撒一薄层河沙或草木灰，然后回填10cm左右的营养土层，踏实、耙平、浇透水。水下渗后用薄铁片或菜刀先横后竖划成10cm×10cm的方土块，土块间撒少量细沙或草木灰，防止土块重新黏结以便后期起苗。

图 5-4　营养钵

【注意】　营养土块育苗应精细操作，否则起苗时易散坨伤根，缓苗较慢。

4. 种子处理

番茄播前种子处理主要包括晒种、浸种、消毒和催芽。精选种子后按照以下操作进行。

（1）晒种　播种前将精选过的种子摊放于木板或纸板上，种子厚度不超过 1cm，在阳光下暴晒 1 ~ 2 天，期间每隔 2h 翻动 1 次，使其晾晒均匀。

【注意】　冰柜或种子库低温保存的种子必须播前晾晒，否则易因种子活力低下导致出苗不齐或不出苗。

（2）温汤浸种　将选好晒过的种子，放入 55℃ 左右的温水中，水量为种子体积的 5 ~ 6 倍。边浸种边搅拌，并维持 55℃ 水温 15min 左右。水温降至 25 ~ 30℃ 后，将种子表面茸毛搓洗干净，在室温下浸种 3 ~ 5h。

（3）干热处理　将充分干燥的种子置于 70℃ 恒温箱内干热处理 72h，可杀死许多病原物，而不降低种子发芽率。尤其对防止病毒病效果较好。

（4）药剂消毒　可先用一般温水将种子预浸 4 ~ 5h。沥水后再

浸入1%的硫酸铜或0.1%的高锰酸钾溶液中5min，或浸在100倍福尔马林溶液中20min。为防止番茄病毒病，可将预浸过的种子，再浸入10%的磷酸三钠溶液中20min。将预浸过的种子放入1000mg/kg的农用链霉素溶液中浸30min，对防治疮痂病、青枯病效果较好。用药剂浸种后，都要用清水将种子冲洗干净，才能催芽或直接播种，否则影响种子发芽。常见药剂消毒方法，见表5-4。

表5-4　种子常见药剂消毒方法

药　　剂	时间/min	预防疾病
50%多菌灵或50%福美双可湿性粉剂500倍液、50%异菌脲可湿性粉剂500倍液等浸种	20	炭疽病、枯萎病、蔓枯病、根腐病
2%~3%漂白粉溶液浸种、0.2%高锰酸钾溶液浸种	30 20	种子表面多种细菌
40%福尔马林100倍液浸种	20	炭疽病、枯萎病
97%噁霉灵可湿性粉剂3000倍液、72.2%霜霉威盐酸盐水剂800倍液等浸种	30	猝倒病、疫病
10%磷酸三钠溶液浸种	20	病毒病

【注意】 药剂消毒应严格把握消毒时间，结束后立即用清水冲洗数遍。

（5）催芽

1）催芽前浸种。一般常温下浸种以6~8h为宜，采用温汤浸种后可减至2~4h。

2）催芽温度和时间。番茄催芽温度为25~27℃，低于15℃或高于35℃均不利于发芽。所需时间为2~4天（表5-5）。

3）催芽方法。把浸种后稍晾干的种子用湿棉布（纱）或湿毛巾包好，放于隔湿塑料薄膜上，上覆保温材料保温。有条件时，也可将湿布包好的种子放于恒温箱内进行催芽。箱内温度设定为28℃左右，相对湿度保持在90%以上。每4h翻动1次，待70%左右的种子露白（胚根长0.3~0.4mm）即可停止催芽，进行播种。

表 5-5　常见蔬菜催芽的温度与时间

蔬菜种类	浸种时间/h	适宜催芽温度/℃	催芽时间/天
番茄	6～8	25～27	2～4
茄子	24～36	30	6～7
辣（甜）椒	12～24	25～30	3～5
菜豆	2～4	20～25	2～3
番瓜	6	25～30	2～3
冬瓜	2～4	28～30	6～8
南瓜	6	25～30	2～3
苦瓜	24	30	6～8
丝瓜	24	25～30	4～5
瓠瓜	24	25～30	4～5
黄瓜	4～6	25～30	1～2

【注意】 包种子时种子包平放厚度不宜超过3cm。催芽过程中应间隔4～5h翻动种子，进行换气，并及时补充水分。

5. 播种

播种时间应根据定植时间和苗龄而定。冬春茬番茄常规苗苗龄一般为60天左右，夏秋季育苗苗龄一般为30～35天。冬春茬育苗应在温室或拱棚内苗床上添加小拱棚等多层覆盖设施（图5-5）。观察苗床5cm地温在16℃以上时即可播种。

图5-5　棚室内加小拱棚

冬春茬番茄播种应选在晴天上午进行，夏秋茬宜选择下午5：00以后或阴天进行。冬春茬播种前将苗床或营养钵浇透温水（35℃），水下渗后在每个营养钵或营养土块中央播种1粒，播后盖土0.5～1cm。播后及时盖塑料薄膜保温保湿，种子出土后及时撤膜（图5-6）。

【注意】 冬春茬番茄播种不宜过深，否则遇低温高湿易烂种。也不宜过浅，过浅则易“戴帽”出土或影响根系下扎。

图 5-6 幼苗出土

6. 冬春茬番茄苗床管理技术

（1）温度管理 冬春茬番茄苗床各阶段温度管理，见表 5-6。

表 5-6 冬春茬番茄苗床各阶段温度管理

生长时期	白天气温/℃	夜间气温/℃	其他方面
播种到子叶出土	25～30	>20	苗床白天密闭充分见光，晚上覆盖草苫等保温
70%～80%子叶出土到第1片真叶出现	20～25	15～18	适当降温，防止下胚轴旺长，形成高脚苗
第1片真叶展开后	25～28	15～18	促形成壮苗
定植前7～10天	18～22	12～16	保护地定植应轻炼苗，露地栽培应重炼

（2）湿度管理 番茄苗床管理应严格控制水分。播种前浇透水，出苗前一般不浇水，以防种苗徒长或低温沤根。出苗至真叶展开后，应结合苗床墒情及时增加浇水量。浇水宜在晴天上午进行，水温30℃左右。

【注意】 塑料营养钵育苗应坚持少量多次浇水的原则；营养土块育苗应尽量减少浇水。

（3）光照管理 冬春茬番茄育苗床多处于低温弱光环境，管理不善则苗细弱，易徒长，因此应采取措施尽量增加苗床透光率。首先，要经常保持棚膜清洁，增加幼苗见光度。第二，在保证发育所需温度的基础上，草苫尽量早揭晚盖，延长见光时间。第三，采用无滴膜覆盖，及时通风排湿，防止棚内结露、滴水。第四，久阴乍晴，幼苗易发生脱水萎蔫，应采用晒花苫或采用草苫时盖时揭的方法，待幼苗恢复正常再揭全苫。

（4）病虫害防治 番茄苗期主要有猝倒病、立枯病、病毒病等侵染性病害及冷害、沤根等生理性病害，应通过降低棚室及苗床湿度和施用化学药剂的方法防治，打药宜在晴天上午进行。主要虫害有蚜虫、白粉虱、蓟马和美洲斑潜蝇等，应及时采用化学药剂防治。具体方法参考第十二章番茄病虫害诊断与防治。

（5）定植前炼苗 番茄幼苗定植前需进行降温、控水处理，以增加幼苗抗逆能力和适应性。具体方法是定植前 5～7 天，选晴暖天气浇透水 1 次。然后通过加强通风降温排湿，使苗床昼间温度控制在 18～22℃之间，天气晴暖时，夜间可将不透明覆盖物揭开，苗床两端或两侧通风降温，使夜间温度控制在 12～16℃之间。之后随气温上升，苗床夜间温度稳定在 18℃以上时，可将塑料薄膜全部揭开。炼苗期间应注意刮风、下雨、倒春寒等天气变化，及时加盖覆盖物，严防苗床淋雨或遭受冷害。

【注意】 番茄幼苗若定植于棚室内，且幼苗健壮，适应性强，则炼苗强度应酌情降低或不炼苗。

（6）壮苗标准 苗的好坏直接影响产量的高低，番茄适龄壮苗的生理苗龄春季育苗为 50～70 天，早熟品种具有 6～7 片真叶，中熟和中晚熟品种具有 7～9 片真叶；夏季育苗苗龄只需 30～35 天，具有 5～7 片真叶。壮苗的外部形态标准是：幼苗根系发达，茎秆

粗壮，茎粗0.5～0.6cm，直立挺拔，节间较短，株高20～25cm；子叶平展不脱落，叶色鲜绿，叶柄较短；第1穗花现蕾而未开，无病虫害。

（7）育苗过程常见问题 冬春茬番茄育苗过程中气温较低，光照时间短，天气变化剧烈，常伴有倒春寒发生，均不利于幼苗生长发育。番茄育苗中常见的问题及解决方法，见表5-7。

表5-7 番茄育苗中常见的问题及解决方法

序号	问题	症状	原因	解决方法
1	不出苗	幼芽腐烂或干枯、烧苗	施用未腐熟的有机肥或过量化肥、农药导致烂芽；播种过深；土温低于15℃，湿度过大；苗床过干致幼芽干枯	合理施用药肥；保持苗床适宜温、湿度
2	种子“戴帽”出土（图5-7）	种皮部分包住子叶并一起出土，子叶展开不及时，影响光合作用	播后覆土过薄；土壤水分不足；地温较低出苗时间延长；种子活力弱或种皮厚等	播后轻轻镇压土壤；保持苗床适宜湿度和温度；可在早晨或喷水后，种皮潮湿软化后人工“摘帽”
3	子叶畸形	两片子叶大小不一，或子叶开裂，或真叶抱合、粘连，真叶不能正常展开	种子质量较差或低温下叶芽发育不良所致	精选漂洗种子，剔除秕粒、残粒
4	高脚苗	下胚轴细长，叶柄长，叶片小，叶色浅，植株细弱	苗床高温高湿；光照不足；施氮过量	及时揭盖草苫和通风降温；出苗前苗床温度控制在30℃，出苗至第1片真叶展开前不宜超过25℃；同时严控浇水，增加光照，及时通风降温排湿

（续）

序号	问题	症状	原因	解决方法
5	沤根	部分根系变黄，甚至枯萎腐烂，无新生白根，叶片深绿而不舒展，严重者叶缘枯黄	土温低于10℃和湿度过大	苗床温度掌握在15℃以上，最低不能低于13℃；同时防止土壤湿度过大
6	易发猝倒病	幼苗根茎部组织腐烂缢缩，发生倒伏死亡	苗床土温较低，湿度大；连阴天，光照弱，通风不良	注意提高土壤温度，及时通风排湿；结合浇水喷淋72.2%霜霉威盐酸盐水剂800～1000倍液
7	小老苗	幼苗矮小，叶片小而厚，生长点颜色深绿。幼茎粗壮生长缓慢，主根发黄，新生白根发生少	炼苗过早，土温过低或养分缺乏；连阴天、光照不足加重症状	及时追肥，把握好揭盖膜时间
8	闪苗	叶片生理性脱水萎蔫	苗床内温、湿度较高，骤放大风造成低温干燥环境	苗床放风应由小到大逐渐进行，使幼苗逐步适应
9	灼苗	生长点受高温下强日灼伤，嫩茎叶失水萎蔫，严重者死亡	育苗后期强日直射幼苗所致，苗床湿度较小加重症状	注意通风降温，避免连阴天后幼苗突见强日照

图5-7　种子“戴帽”出土

二 夏秋茬番茄育苗管理技术

夏秋天气的基本特点是高温多雨，光照强烈，天气变化剧烈，病虫害多发。因此，此期苗床管理的重点是通风降温，防雨遮阳，避免高温导致花芽分化不良，后期产生畸形果，以及防治病虫害等。管理要点如下：

（1）选种与种子处理 该环节参考本章第一节中的冬春茬番茄常规育苗技术。

（2）催芽 夏秋季节气温一般在30℃以上，适宜番茄发芽，因此可直接用湿棉纱、毛巾等包裹种子放于暗环境下催芽即可。一般催芽2～3天可行播种。

（3）播种 播前苗床或营养钵浇透水，不必覆盖薄膜保湿，一般播后2天左右幼苗即可出土。

（4）苗床管理 苗床在温室中应在昼夜打开顶部通风口的同时，将温室前沿农膜撩起通风，通风口加装80目防虫网。在塑料拱棚内育苗时，除顶部放风外，两侧农膜均应卷起，加大通风量（图5-8）。

图5-8 棚室通风口加装防虫网

日光过于强烈时，可在棚室农膜上方加装遮阳网遮光降温或在棚膜喷洒石灰水或白色涂料（图5-9）。有条件的地方可在温室前后沿加装风机和湿帘（图5-10）及时降温，适当控制浇水，以防形成高脚苗。温室前沿出现雨水灌入时，应及时挖阻水沟，防止苗床灌雨水或雨淋。注意综合防控猝倒病、病毒病、蚜虫、螨类、斜纹夜蛾等病虫害。

图 5-9　棚室涂白或加盖遮阳网

图 5-10　湿帘和风机

（5）壮苗标准　夏秋季番茄宜进行小苗定植。苗龄 25 ~ 30 天，5 ~ 6 片真叶，茎粗 0.3 ~ 0.5cm，叶色浓绿肥厚，无病虫斑（图 5-11）。根系洁白，主侧根发达，布满整个营养钵。

图 5-11　番茄壮苗

第二节　番茄穴盘基质育苗技术

穴盘基质育苗技术是工厂化育苗技术中的核心，具有基质材料来源广泛、易防病、节肥、成苗率高等优点，目前已在棚室蔬菜产区得到广泛应用推广（彩图1）。

1. 穴盘选择

多选用规格化穴盘，制盘材料主要有聚苯乙烯或聚氨酯泡沫塑料模塑和黑色聚氯乙烯吸塑。规格为长54.4cm、宽27.9cm、高3.5～5.5cm（图5-12）。孔穴数有50孔、72孔、98孔、128孔、200孔、288孔等规格。根据穴盘自身质量又可分为130g轻型穴盘、170g普通穴盘和200g以上的重型穴盘3种。常见蔬菜穴盘选择和种苗大小，见表5-8。番茄育苗一般选择72孔普通穴盘即可。

图5-12　常见72孔和50孔穴盘

表5-8　常见蔬菜类型穴盘选择和种苗大小

季　节	蔬菜种类	穴盘选择	种苗大小
春季	茄子、番茄	72孔	六七片真叶
	辣椒	128孔	七八片真叶
	黄瓜	72孔	三四片真叶
	花椰菜、甘蓝	392孔	二叶一心
	花椰菜、甘蓝	128孔	五六片真叶
	花椰菜、甘蓝	72孔	六七片真叶

（续）

季　节	蔬菜种类	穴盘选择	种苗大小
夏季	芹菜	200 孔	五六片真叶
	花椰菜、甘蓝	128 孔	四五片真叶
	生菜	128 孔	四五片真叶
	黄瓜	128 孔	二叶一心
	茄子、番茄	128 孔	四五片真叶

2. 基质配方选择

生产上农户自育苗自用，因需苗量不大，可直接购买成品基质，成品基质养分全面，育苗过程中一般不需补肥，如图 4-14 所示。工厂化育苗基质需求量大，为节省成本，一般自行配制混合基质。市场成品育苗基质如图 5-13 所示。

图 5-13　市场成品育苗基质

基质成分主要包括有机基质和无机基质。常见有机基质材料有草炭（泥炭）、锯末、木屑、碳化稻壳、秸秆发酵物等，生产上草炭较为常用，效果最好。无机基质主要有珍珠岩、蛭石、棉岩、炉渣等，其中珍珠岩和蛭石应用较多。

常用混合基质配方有：①草炭∶珍珠岩（蛭石）∶秸秆发酵物（食用菌废弃培养料）=1∶1∶1 或 1∶2∶1；②草炭∶蛭石∶珍珠岩 = 6∶（1 ~2）∶（2 ~3）；③草炭∶炭化稻壳∶蛭石 =6∶3∶1；④草炭∶蛭石∶炉渣 =3∶3∶4。选好基质材料后，按照配比进行混合。混合过程中每立方米混合基质掺入 1kg 三元复合肥或磷酸二铵、硝酸铵和硫酸钾各 0.5kg，可有效预防番茄苗期脱肥。同时，每立方米基质拌入 50%的多菌灵可湿性粉剂 200g 进行消毒（图 5-14）。

图 5-14　基质混合和堆放

【注意】 基质配制过程中不宜以尿素作为种肥，以免降低发芽率。另外，将混合基质的 pH 调整为弱酸性或近中性（pH 为 5.5 ~7.0）有利于番茄幼苗生长。

3. 装盘

基质装盘以搅拌湿润基质为佳，此法幼苗出土整齐一致，不易“戴帽”。方法为：先将基质盛于敞口容器中，加水搅拌至湿润（抓一把基质轻握不滴水为宜）。然后将湿基质装盘，抹平（图 5-15）。

图 5-15　加水拌匀基质并装盘

4. 播种

播种前先用手指戳播种窝。每穴播种 1 粒，播深约 0.8cm，播后窝上覆盖干基质，然后用手掌轻压抹平。冬春茬 5 ~6 天，夏秋茬 2 ~3天即可出苗（图 5-16）。

图 5-16　播种出苗过程

【注意】 基质装盘前应先过筛，除去基质土块，以防土块压苗造成弱苗。同时，切忌用湿基质覆盖播种窝，以免出苗不齐。

5. 苗期管理技术要点

（1）冬春茬育苗　冬春茬穴盘基质育苗的关键限制因子是低温和弱光，因此应在穴盘上方加盖小拱棚进行二次覆盖。同时，可采

用每平方米功率为110W的防水远红外电热膜（图5-17）铺于地下2cm左右，然后将穴盘置于其上，通过温控仪调控小拱棚内白天温度为25～30℃，夜间温度为15～18℃，效果良好。并应注意浇水水温一般把握在20～25℃之间，不可用冷自来水直接浇灌，以免冷水激苗，浇水宜在早晚进行。

图5-17　远红外电热膜

【提示】　穴盘苗根系可通过渗水孔下扎至土壤中，应经常挪动穴盘位置，防止定植时伤根造成大缓苗。

（2）高温季节育苗　高温季节水分蒸发量大，光照强烈，因此在育苗管理上应坚持小水勤浇的原则，保持上层基质湿润。同时，每个穴盘浇完水后应回浇穴盘边缘苗，以防边缘缺水形成小弱苗。出苗后控制浇水，防苗徒长。后期苗子需水量大增，喷壶洒水不能满足需要，可在穴盘四周做简易畦埂，以水漫灌穴盘底部的方法解决。中午阳光过于强烈时，可在棚膜上方外覆遮阳网遮阴降温。有条件的地方可安装风机和湿帘辅助降温。

第六章
番茄露地高效栽培与采后保鲜技术

第一节 番茄露地高效栽培技术

一 品种选择

露地栽培番茄应根据栽培茬口不同选择不同熟性和适宜本地区生态环境的优良品种。春夏栽培前期气温较低，后期高温，应选用耐低温弱光、膨果速度快的中早熟品种。夏秋季节栽培则应选择对高温、干旱、强光等逆境抗性强，抗病毒病，兼抗当地其他多发病害，叶量大，长势强的中晚熟、大果型品种，如中杂、申粉、浙粉、佳粉等系列番茄品种，具体应从已在当地示范推广的品种中选择。

二 整地、施肥

番茄栽培应选择地势较高、土层深厚、排灌良好、土质疏松、肥沃的沙质壤土。切忌与茄科作物连作，应选择2～3年未种过茄科蔬菜的地块，最好实行水旱轮作。种植番茄的地块宜冬季深耕，耕后任其日晒，以改良土壤结构，消灭病虫源，减轻病虫危害。定植前结合整地做畦，施入基肥。基肥以农家肥为主，可用厩肥、人粪尿、鸡粪、禽畜粪等堆沤肥。一般每亩可施用农家肥5000kg、磷酸二铵50kg或尿素25kg、过磷酸钙50kg、硫酸钾15kg或复合肥（15-15-15）30～40kg，整地前撒施60%，定植时集中沟施40%。

同时撒施地虫菌清3～5kg/亩，彻底杀灭地里的病虫，然后深翻两次，整平地面。

【提示】 施肥一大片不如一条线，沟（畦）内施肥有助于提高肥效。

番茄一般用小高畦、起垄或平畦栽培。小高畦栽培一般畦高10～15cm、畦幅100cm、畦面宽70cm，定植时挖穴或用打眼器挖孔栽苗，沟中浇水。起垄栽培则一般做成70～75cm宽的垄，开浅沟摆苗或挖穴栽苗。整地后及时覆膜升温。番茄整地做畦如图6-1、图6-2所示。南方多雨地区多采用高畦栽培，北方则多采用平畦或起垄栽培。

图6-1　高畦整地做畦

图6-2　垄作整地做畦

三　定植

1. 定植适期

春夏番茄定植一般在当地晚霜过后，10cm地温稳定在12℃以上时即可定植。设置风障，进行地膜覆盖。背风向阳、地势高燥的沙土地可以适当提早定植。

番茄需大苗定植，定植后缓苗快，发苗快，因此有“发大不发小”之说。大苗一般苗龄50～60天，以第一层花蕾露黄为佳。定植后的番茄苗，见图6-3。定值时需根据天气情况确定具体日期，一般在晴天上午进行。

图 6-3　定植后的番茄苗

【注意】 春夏番茄地膜覆盖栽培宜选用银灰色农膜，具有一定的避蚜作用。夏秋番茄可采用黑色农膜，可有效防除杂草，并可避免阳光直射地面导致土温过高。

2. 定植密度

高畦栽培多采用大小行定植，大行距 80cm，小行距 40cm，株距 30～35cm（图 6-4）。

图 6-4　番茄定植

3. 定植方法

以起垄栽培为例，幼苗栽植在大垄两侧距垄顶 7～8cm 的斜坡上。移植过程中起苗要尽量少伤根，多带土，轻拿轻放。栽植深度同幼苗原入土深度一致，不宜过深。采用营养杯育苗的可将其倒转，

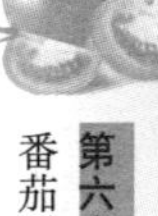

杯底朝上，轻轻拍打杯底，使苗坨自然落出。穴盘育苗可用手捏紧幼苗茎基部，即可带出苗坨或用“U”形铁丝将基质苗挖出。定植时大小苗分级定植，以利于管理。用小锄头挖开定植穴，将苗坨放于穴中，用土封严。定植后立即浇定植水，水量要充足，使土壤充分湿润。夏、秋季定植后一个星期内，中午最好用遮阳网或稻草等其他覆盖物遮挡部分阳光，防止晒伤幼苗，并可减轻病毒病的发生，以利于尽快缓苗。常见定植方法有以下两种。

(1) 栽后漫灌 对于不覆地膜的垄作栽培，开沟后按株、行距摆苗，定植后在沟内灌大水。该法的有利之处在于省工，弊端是灌水过程需水量大、费水，易造成土壤板结和春季地温下降。

(2) 暗水穴栽 做畦后覆膜，按一定株距、行距开穴，将苗坨放入穴内，埋少量土，膜下灌水，灌水后封穴。该法有利于保持地温，土壤不易板结，缓苗较快。

【提示】 ①生产中番茄幼苗徒长或茬口安排不当造成苗龄过大时，可将幼苗根部及徒长的根茎顺行贴于定植沟底定植，此种方法称为卧栽。卧栽可保持定植苗高度一致，卧栽根茎部长出不定根可增大番茄的吸收面积并对番茄起到固定支持作用。②行距较小时也可采用两行幼苗错开栽培的（错栽）的方法。

4. 定植后的管理

番茄从定植到采收的生长发育期较长，生产中应加强各项配套栽培管理措施，以实现高产、优质的目标。

(1) 中耕除草 主要针对番茄露地非地膜覆盖栽培方式。番茄定植缓苗后即可进行第一次中耕除草，深度为5~6cm，起到疏松土壤和保墒的作用。番茄搭架之前进行中耕，以锄灭杂草为目的，不可过深，以免损伤根系。

(2) 水肥管理

1）浇水。番茄缓苗结束后至第1穗果坐住前一般不浇水，以控制地上部徒长，促进根系发育。地膜覆盖栽培时若发现地膜下不显水珠，可适量灌水。待第1穗果坐住并开始膨大后开始浇水，之后每隔1周左右浇灌1次。尤其是进入盛果期后气温和地温升高，植株蒸发量大，应增加浇水次数和灌水量，一般每 4～5 天浇水 1 次。

2）施肥。在施足基肥的基础上，可视植株长势追施催秧肥和促果肥。第 1 穗果坐住开始膨大时进行第 1 次追肥，结合浇水冲施氮磷钾复合肥 15～20kg/亩和沼液肥 200～300kg/亩。在第 1 穗果实绿熟期或采收后进行第 2 次追肥，结合浇水冲施尿素 8～10kg/亩和硫酸钾 5～10kg/亩。结果盛期可结合病虫害防治，叶面喷施 0.2%～0.3% 尿素、0.2% 磷酸二氢钾溶液或叶面硅肥等叶面肥，以促果实发育和提高品质。

（3）搭架、绑蔓 番茄搭架、绑蔓可以使茎顺架而长，并对植株起到固定作用，有利于农事操作。搭架一般在植株长至 30cm 左右时进行。架材多用竹竿等有支撑力的材料，另外也可用吊绳吊蔓。搭架时一般做成“人”字架、三脚架或“人”字与三脚混合架。架杆插入地面，固定并绑扎成形。架杆应离根部 7～10cm，以免太近伤根。吊蔓栽培时，底部吊绳（塑料绳或细麻绳）应捆绑小木棍或竹竿，插入地面以固定植株，以免风吹植株摇摆伤根。在广东等沿海地区为防台风，也可搭成更为坚固的“篱壁架”，每 2～3 果穗沿畦向拉绳用于植株辅助固定。搭架、绑蔓（吊蔓），如图 6-5 所示。

图 6-5 番茄搭架、绑蔓（吊蔓）

搭架后即绑第一道蔓，应绑在第 1 穗果下一叶的下部节间，以后每一穗果绑一道蔓。绑蔓时勿伤茎叶和花果，可绑成“8”字形，松紧适中，绑扎位置在果穗与上部叶片之间，靠植株一端宜适当松

绑，支架一端要固定紧绑，呈45°角向上斜拉。操作时不可绑蔓过紧，以免影响茎蔓和果实正常生长发育。

（4）植株整理 露地栽培番茄植株整理是重要的管理措施，主要包括整枝、打杈、摘心、疏花、疏果及摘除老叶、黄叶、病叶等。

1）整枝。番茄生产采用的整枝方法主要有4种。

① 单秆整枝：只留主枝，把所有的侧枝陆续全部摘除。此种整枝方式的单株结果数减少，但单果重增大，早熟性好，前期产量高，缺点是植株易早衰，果实商品性一般。适合早熟密植矮架栽培和无限生长型品种。

② 双秆整枝：除主枝外，再留第1花序下生长出来的第1侧枝，其他侧枝全部摘除，让选留的侧枝和主枝同时生长。这种整枝方式可以增加单株结果数，提高单株产量，但早期产量和总产量及单果重均不及单秆整枝。此整枝方式适用于土壤肥力水平较高的地块和植株生长势较强的品种。

③ 一秆半整枝：除主茎外，保留第1花序下方的第1侧枝，侧枝坐1穗果后，果穗上方留2片叶摘心，其余侧枝全部摘除。这种整枝方式的总产量比单秆整枝高，有限生长型的品种多采用此法整枝。

④ 改良单秆整枝：除主枝外，保留主茎第1花序下方的第1侧枝，但不坐果，保留侧枝上1～2片叶后摘心，其余侧枝全部摘除。用这种方式整枝，植株发育好，叶面积系数大，根系不易早衰，坐果率高，果实发育快，商品性状好，单果重大，前期产量比单秆整枝和一秆半整枝高，总产量比单秆整枝高。

【提示】 生产上为促早熟栽培，露地栽培番茄常采用单秆整枝法，留3～4穗果后打顶，以集中养分增加单果重，提高果实商品性。

2）打杈。番茄打杈操作不可过早或过迟，因植株地上部和地下部的生长具有一定的相关性，过早摘除腋芽会影响根系正常生长，过迟则造成营养损耗和器官养分竞争。一般掌握在侧芽长至6～7cm时摘除较为合适。

【知识窗】 整枝打杈须知

① 整枝打杈应在晴天上午10：00～下午3：00进行，此时间段温度高，湿度小，伤口易愈合。

② 打杈时不宜用剪刀等工具，以免传染病毒，可用手工操作。

③ 整枝时对发生病毒病的植株应单独进行，避免人为传播。

④ 伤口愈合后要及时用75%百菌清可湿性粉剂500倍液防病。

3）摘心。番茄植株生长至一定高度，坐果果穗数达到生产目标时掐去茎顶端生长点，称摘心或封顶。有限生长型的番茄品种可以不摘心。一般早熟品种、早熟栽培、单秆整枝时，留2～3穗果实摘心；晚熟品种、大架栽培、单秆整枝时，留4～5穗果实摘心。为防止上层果实直接暴晒在阳光下引起日灼病，摘心时应保留果穗上方的2片叶，以遮盖果实。

【注意】 为防止番茄病毒的人为传播，在上述操作前1天，应由专人将田间病株拔除，带到田外烧毁或深埋。作业时一旦双手接触了病株，应立即用消毒水或肥皂水清洗，然后再进行操作。

4）摘老叶。结果中后期植株底部的叶片衰老变黄或染病，已失去生理功能，需及时摘除。摘叶可改善株丛间通风透光条件，提高植株的光合作用强度，但摘叶不宜过早和过多，以免引发植株早衰。

5）疏花、疏果。为使番茄坐果整齐、生长速度均匀，可适当进行疏花、疏果。在生产中应把握疏花而不疏果的原则，开花时每穗花序只留4～5朵花；第1花序果实长到鸡蛋黄大小时，每株留3～4个果穗；每穗留3～4个大小相近、果形好的果实，疏去小果、畸形果和病虫果。

6）保花保果。春季番茄在第1花序开花期常发生落花、落果现象。主要原因是：①气温低于15℃，妨碍了花粉管的伸长及花粉萌

发，影响授粉受精。②遇连续阴雨天气或空气和土壤过分干燥引发落花。③植株营养不良、光照不足、茎叶旺长均可引发落花和落果。保花保果的措施除了加强栽培管理，提高秧苗质量外，用生长调节剂处理花序的效果较好。番茄坐果常用的生长调节剂有2，4-D（2，4-二氯苯氧乙酸）或番茄灵（对氯苯氧乙酸、防落素），用其蘸花或涂抹花梗，可促进花器生理活动旺盛，抑制离层形成，可防止落花、落果，形成无籽果实，还可促进膨果，提早成熟和高产。使用生长调节剂时，浓度要严格把握。在一定的范围内，一般气温较低时浓度可高些，气温较高时浓度宜低些，否则易产生畸形果。施用时切勿触及茎叶及生长点，以防茎叶发生畸形或生长点受害。

7）病虫防治。露地栽培番茄常见病害主要有叶霉病、早疫病、灰霉病等，常见虫害有蚜虫、棉铃虫等。在栽培期间应密切注意病虫发生情况，及早选用生物农药或高效低毒无残留的化学农药防治，确保果实优质无公害。具体防治技术参见第十二章番茄病虫害诊断与防治。

第二节　番茄的采收与采后保鲜技术

一　适时采收

番茄果实在成熟过程中可分为4个时期，即青熟期、转色期、坚熟期和完熟期（软熟期），如图6-6所示。

（1）青熟期　果实已充分膨大，但果皮全是青绿色，果肉坚硬，风味较差。

（2）转色期　果实的顶端开始由青色变黄白色，果肉开始变软，含糖量增高。

（3）坚熟期　果实3/4的面积变成红色或黄色，营养价值最高，是鲜食的最适时期。

（4）完熟期　果实表面全部变红，果肉变软，含糖量最高。

作为蔬菜食用的番茄一般在开花后40～50天，果实达到坚熟期，即果实已有3/4的面积变成红色或黄色时为采收适期，应及时采收。

图 6-6　番茄的成熟过程

果实在植株上的着生部位和发育情况会影响其储藏性。生长前期和中期（一般中、下部）的果实发育充实，抗病性强，耐储运；生长后期（上部）的果实不耐储运。需长期储藏的果实应在转色期以前采收，如果只需短期储藏可在坚熟期采收。

夏秋番茄较春番茄着色快，易成熟，易软化变质，因此近销番茄应在果实开始转红后采收，远距离调运番茄应在青熟期或转色期采收。采后即上市出售的果实则以坚熟期至完熟期采收为好，此时果实即将或开始进入生理衰老阶段，已不耐储藏，但营养和风味较好，故宜鲜食。完熟期的果实含糖量较高，适宜作加工原料。

番茄采收应选择晴天上午露水干后进行，若遇下雨，则应延迟3～4天采摘。采前3～5天应停止浇水。果实采收前5～10天应喷施50%多菌灵可湿性粉剂1000～1200倍液或50%甲基硫菌灵可湿性粉剂1000～1500倍液，可有效预防储藏期病害。采收时去掉果蒂把，防止果柄刺伤周围番茄。果实的装运以尽量不造成机械损伤和污染为原则，可用洁净的筐装或堆放在车上，不宜用麻袋和编织袋装，

以免造成机械损伤。

二 番茄采后保鲜技术要点

果实采收后根据商品要求按标准进行预冷和包装，并置阴凉处自然降温保存，也可以根据实际需求利用冷库进行低温保存。

1. 预冷

采收后及时预冷，可放在通风良好的空房内或遮阴处散除田间热量，并严格挑选，剔除病虫果、机械损伤果、畸形果及过熟果。番茄自然后熟速度快，应在采后12h内迅速将产品温度预冷至储藏温度。

2. 包装

番茄可采用竹筐、塑料筐、板条箱、瓦楞纸箱等容器包装。用竹筐、塑料筐、板条箱等透风性容器包装时，箱体上下及四周应衬包装纸，装箱后避免果实裸露可见，主要用于通风库、阴凉库等短时间储藏或短途运输。瓦楞纸箱包装方法是将果实充分预冷后，装入内衬塑料薄膜保鲜袋的瓦楞纸箱中，在表面放1层包装纸或吸水纸，袋口平折或松扎，主要用于机械冷库的长期储藏或长途运输。包装材料应符合国家相关安全卫生标准要求。如果运输距离过长，也可在箱内放瓶装冰水降温。

3. 储藏

（1）储藏条件 番茄性喜暖和，不耐0℃以下的低温，但不同成熟度的番茄对储藏温度要求不同。用于长期储藏的番茄通常选用绿熟果，储藏适宜温度为10～13℃。温度过低，番茄易发生冷害，不仅影响品质，而且缩短储藏期限。用于鲜销或短期储藏的番茄通常选用红熟果，其适宜的储藏温度为0～2℃，相对湿度为85%～90%，氧和二氧化碳含量均为2%～5%。

（2）选择耐储品种 不同品种的番茄耐储性差别很大，储藏前需加以选择。一般而言，固形物含量高、果皮厚、果肉致密、种腔小的品种较耐储藏。

【注意】 植株基部和顶部的番茄均不耐储藏，因为前者接近地面易带病菌，后者固形物含量少，果腔易空洞。

（3）果实选择 根据储藏期长短或运输距离远近，选择绿熟或转色期果实，要求果形大小适中，果面光滑，发育充实，无病虫害，不开裂，表面组织无破损。

（4）塑料帐气储藏 将装好的番茄堆码放在棚窖或通风库中，用塑料薄膜将码好的垛套上，封住口成为塑料帐。利用番茄自身的呼吸作用使塑料帐内的氧气逐步减少，而二氧化碳逐步增多，以减弱番茄的呼吸作用，延长储藏期。在储藏期间应每隔2～3天将塑料帐揭开，擦干帐壁上的小水滴，15min后将塑料帐重新套上，封住口，以补充帐内新鲜空气，避免番茄得病腐烂。为防止帐内湿度大引发病害，可于垛内放0.5%过氧乙酸、果重0.05%的漂白粉或施用0.05～0.1mL/L的仲丁酯等。每隔10～15天翻垛检查1次，挑出病果，用此法通常可储藏1个多月。

（5）薄膜袋储藏 将青番茄轻轻装入厚度为0.04mm的聚乙烯薄膜袋（食品袋）中，通常每袋装5kg左右，装后随即扎紧袋口放在阴凉处。储藏初期每隔2～3天在凌晨或黄昏时将袋口拧开15min左右，排出番茄呼吸产生的二氧化碳，补充新鲜空气，同时将袋壁上的小水珠擦掉，然后扎好密封。通常储藏1～2个星期后，番茄将逐步转红。若需延续储藏，则应减少袋内番茄数量，只平放1～2层，以免互相压伤，番茄红熟后，将袋口散开。采取此法时还可用嘴向袋内吹气，以增加二氧化碳含量，抑制果实的呼吸，也可在袋口插入一根两端开通的竹管，固定扎紧后可使袋口气体与外界空气主动调节，不需经常打开袋口进行通风透气。

第七章 番茄保护地栽培技术

第一节 番茄小拱棚栽培技术

番茄早春茬小拱棚双膜（拱棚膜、地膜）覆盖栽培方式，可以有效避免晚霜危害，因而播种期比露地地膜覆盖栽培可提前20天左右，具有一次性投资少、产量高、效益好、易于轮作等优点（图7-1）。

图7-1 番茄小拱棚栽培

一 品种选择

小拱棚早春番茄栽培品种多用早熟、耐寒、丰产、品质较好的品种，目前应用比较多的有早丰3号、早粉2号、佳粉1号、佳粉2号、佳粉10号、西粉3号、903、红帅、美国623、美国红牛、红钻等品种。

二 培育壮苗

小拱棚早春茬育苗一般在12月下旬~1月上旬进行，苗龄60~

70天，基本方法如下。

（1）种子处理 在播种前3~4天进行催芽。把晾晒过的种子用温度约55℃的水浸种，并搅拌至不烫手为止。浸泡8~10h，把种子捞出，用清水淘洗一两次，用纱布或毛巾包好，放在25~30℃的地方催芽，经过2~3天即可出齐播种。

（2）播种量和播种方法 每平方米苗床用种15~20g。在前期造好底墒的基础上，临近播种时在床面洒水，水渗下后在床土上撒一薄层细土，将种子均匀地撒在床面上，然后盖过筛细土1~1.2cm。

（3）播后管理 种子出苗期间保持白天温度26~28℃，夜温20℃以上。出苗后白天保持22~26℃，夜间13~14℃，并注意加强光照，避免形成高脚苗。

（4）齐苗至分苗前的管理 从齐苗至幼苗长出2片真叶，白天超过25℃时应当通风。在幼苗长出2片真叶后进行分苗，分苗前炼苗，白天温度可降至20~22℃，夜间保持8℃以上，经过3~4天即可选晴天进行分苗。

（5）分苗至定植前的管理 分苗后应适当提高床温，少放风，以促进发根缓苗。缓苗后到幼苗长出5~6片叶期间的温度按正常进行管理，保持适量通风及土壤适宜湿度，促壮苗培育。定植前7天左右开始炼苗，定植前5天左右浇水后割坨晒坨。

具体育苗方法及注意问题参见第五章番茄育苗技术。

三 定植

3月下旬，10cm地温稳定在12℃以上时即可定植。栽植适龄壮苗，栽植深度至子叶节处；栽植徒长苗，地上部留15~20cm，其下部分茎连同根平躺埋入地下卧栽。

定植时应选择无风晴朗天气进行。一般定植行距50~60cm、株距30~35cm，定植后立即插好拱架，盖上棚膜。

四 定植后管理

1. 温度和湿度管理

定植后缓苗期密闭小棚，尽量提高棚温，白天可达35℃，夜里地温达16℃以上，有利于缓苗。缓苗后通过放风降低棚温，白天保持

在28～30℃，不宜超过30℃，午后要早闭棚保温。之后随气温回升，白天棚外温度达到20℃以上时，揭开棚膜使植株充分见光，夜温不低于10～12℃时可不再盖膜。直至晚霜结束后，日平均温度稳定到18℃以上时则可以撤除棚膜，转入露地生长。番茄生长适宜的空气相对湿度为45%～50%，除阴天外，小拱棚内可放风降湿至适宜范围。

2. 肥水管理

缓苗后7～10天结合浇水追施一次催苗肥，可每亩追施稀粪肥500kg或沼液肥200kg，然后进行蹲苗。第1穗果开始膨大时，结合浇水每亩追施尿素15～20kg。浇水以小水为宜，以促地温回升。第1穗果接近采收，第2穗果开始膨大时，每亩随水冲施尿素10kg。之后随气温回升需水量增加，一般每隔7天左右浇1次水，追肥灌水要均匀，否则易出现空洞果或脐腐病。盛果期可叶面喷施0.2%～0.3%磷酸二氢钾、0.2%～0.3%的尿素或“高喜宝”液体硅肥1000倍液，防止植株早衰，并可增加果实硬度。

3. 插架和绑蔓

蹲苗结束，浇水后应及时插架。采用1m高架杆每棵插1根，相邻2行4棵的架头绑在一起即可，插后及时绑蔓，应在每穗果下面绑1次。

4. 植株调整

一般采用单秆整枝，早熟番茄宜留3穗果。番茄分枝力强，几乎叶叶有杈，应及时整枝打小杈。第3穗花开时，在其上部茎留1～2片叶摘心以减少养分消耗，促果膨大早熟。第1、2穗果采收后，及时打掉下部老、黄、病叶。

5. 蘸花和喷花

4月份温度尚低番茄花不易坐果，需用植物生长调节剂处理保花保果。方法为：每天上午8：00～9：00对将开和刚开的花，用10～20mg/kg的2，4-D蘸花或涂抹花梗，也可用25～30mg/kg番茄灵喷花。

【注意】 施用调节剂应严格掌握浓度，未开的花不喷不蘸，并避免把药物喷洒在植株上，否则会造成药害。

施用初期，气温较低，应适当加大调节剂浓度。后期随气温回升，浓度应降低。5 月初底部果实已开始转白，可用 3000mg/kg 乙烯利浸果或涂抹果实，以促果早熟。

6. 病虫害防治

参见第十二章番茄病虫害诊断与防治。

五 采收

番茄小拱棚栽培比露地栽培可提早 20 天左右上市，一般于 5 月中旬 ~5 月底开始收获，6 月底 ~7 月上旬采收结束。

第二节 番茄塑料大棚早春茬栽培技术

一 品种选择

番茄塑料大棚早春栽培一般选择前期耐低温弱光，后期耐热、抗病、丰产、早熟性好及货架期长的品种，如中研 988、硬粉 8 号、欧盾、仙客 5 号、仙客 8 号、蒙特卡罗等。

二 番茄栽培用塑料大棚类型

华北地区番茄生产用塑料大棚主要包括竹木结构简易大棚和热镀锌钢管拱架结构大棚，见图 7-2。

图 7-2 竹木结构简易大棚和热镀锌钢管拱架结构大棚

三 培育适龄壮苗

北方大棚早春茬番茄播种期一般为 12 月上中旬，早熟和中熟品种适宜苗龄分别为 60 ~70 天和 70 ~ 80 天。生理苗龄以幼苗 8 ~9 片

叶展开、株高25~28cm、现大蕾时为宜。

四 定植前的准备

1. 棚室准备

（1）提前扣棚 定植前15~20天扣棚或覆盖地膜，以促地温快速回升。

（2）棚室消毒 番茄定植前7~10天可进行棚室熏蒸消毒。每亩用80%敌敌畏乳油250g拌适量锯末，与2000~3000g硫黄粉混合，装入容器内，分10处均匀摆放在棚室内。傍晚时密闭天窗及棚膜，点烟者应先从远离棚门的一端开始点燃硫黄锯末混合物，边点边向门口走，烟剂点完后，迅速退到门外，关好棚门，熏蒸1夜（不少于6h），第2天早晨放风，排出有害气体，至无味时方可定植。

2. 整地、施肥、做畦

早春番茄栽培应选择地势较高、土层深厚、排灌良好、土质疏松肥沃的壤土。不宜与茄科作物连作，应选择2~3年未种过茄科蔬菜的地块。

定植前7~10天土壤深翻25~30cm，耙平做畦。结合整地每亩施入充分腐熟的优质有机肥5000kg、复合肥40kg。多年连作、酸化地块还可撒施生石灰150~200kg/亩，以调节土壤pH，并防止土传性病害的发生和蔓延。早春大棚番茄提倡采用小高畦栽培，可避免根部积水沤根。

【提示】 小高畦适宜规格为畦高15~20cm，畦下底宽80cm，上口宽50cm，畦面平整（图7-3）。

五 定植

华北、华东地区早春大棚番茄一般在2月上旬~中旬定植。定植前7天在畦面覆盖地膜提温，当清晨10cm土温达到5℃以上，最低气温不再出现0℃，且维持5~7天时应尽量抢早定植。定植应选择阴冷天刚过、晴暖天刚开始的上午进行，大小苗分级定植。定植前一天对幼苗叶面喷施50%的多菌灵800倍液或75%百菌清500倍液，以防苗期病害。连作地块穴施40~50g多菌灵药土（多菌灵1~

2kg，加入干细土 200kg 混匀），注意药土不能和苗子直接接触，以预防土传性病害的发生。

栽苗时地膜开口要适中，可使用打孔器打孔定植。定植幼苗土坨与畦面平齐或略高，栽植后浇定植水，待水完全渗透后，用土覆盖定植孔，压好定植孔周边地膜。密度因品种和土壤肥力而异，通常采用大小行栽培，大行距 80cm（操作行），小行距 50cm（种植行），株距 30～35cm（图 7-4）。

图 7-3　小高畦覆膜栽培

图 7-4　大棚番茄定植

六　定植后的管理

1. 缓苗及中耕蹲苗

定植后 5～7 天为缓苗期，应密闭棚膜来提高温度和湿度，以促缓苗。可保持白天温度 25～35℃，夜间 18～20℃。前三天尽量不放风，之后如果温度过高，可开风口放顶风，严禁扫地风。幼苗心叶开始生长时缓苗结束。缓苗结束后视墒情浇水 1 次。

番茄缓苗后及时进行中耕（覆膜栽培可中耕操作行）蹲苗，早中耕、深中耕有利于地温回升和根系发育。中耕应连续进行 2～3 次，中耕蹲苗期间不追施肥水。适当降低温度，尤其是夜温，适当拉大昼夜温差，促使幼苗健壮，一般温度以白天 25℃，夜间 13～15℃为宜。

2. 温度管理

番茄缓苗后，每天的温度可采用“四段变温”管理方法。即把一天的温度分为四段进行管理：午前见光后，使温度迅速上升至 25～27℃，以促进光合作用；午后随光合作用逐渐减弱，通过通风换气措施，使温度降至 20～25℃；前半夜为促进叶片中光合产物运

转，应使温度保持在14～17℃之间；后半夜为尽量避免呼吸消耗，可使温度降至10～12℃，但不宜低于6℃。定植初期外界气温低，可采取大棚内套小拱棚、小拱棚上方拉保温薄膜、大棚膜盖草苫等保温措施，以提高棚室内温度，促进植株正常生长发育（图7-5）。

图7-5　大棚番茄多层覆盖栽培

3. 肥水管理

番茄缓苗后在第1穗果坐果以前应适度控制水肥，防止幼苗徒长。待第1穗果坐果，果实膨大至核桃大小时，结合浇水进行1次追肥，肥量为复合肥20kg/亩、生物菌肥50kg/亩。浇水应选择晴天上午进行，最好实行膜下暗灌，以防大棚内湿度过大。之后的肥水管理应根据植株长势和天气情况而定。一般每采摘2次果实，追施肥水1次，每亩可施用人粪尿肥1000kg或沼液肥200～300kg或复合肥15kg。盛果期可叶面喷施0.3%磷酸二氢钾溶液3～5次。必要时，可增施二氧化碳气肥。

4. 植株调整

（1）吊蔓　当番茄植株长至40～50cm，不能直立生长时应及时吊蔓。

【传统方法】　将吊绳的上端固定在拉设好的吊绳钢丝上，下端拴在番茄植株上。这种吊蔓方法随着茎秆变粗，坐果增多，常出现吊绳“勒”进番茄茎秆内，影响养分及水分的正常运输，甚至勒断茎蔓的现象，不利于植株的正常发育。

【目前吊蔓新方法】　在对应已拉设好的吊绳钢丝下方，距地面20cm处，顺种植行再拉一根钢丝，吊蔓时将吊绳上端固定在吊绳钢丝上，下端成45°～60°斜向拉紧固定在下面的钢丝上。然后把番茄茎蔓直接盘绕在吊绳上，无须再拴在茎秆上，从而避免了茎蔓“勒伤”，而且便于落蔓操作，并可尽量满足番茄喜半匍匐生长的习性，更利于挖掘番茄的高产潜力。

（2）整枝 植株调整是协调番茄植株营养生长和生殖生长关系的重要措施，直接影响番茄的产量、上市期及植株长势。根据品种属性、植株生长习性和栽培方式，生产上番茄大棚栽培常用的整枝方式主要有以下3种。①单秆整枝，见图7-6。②双秆整枝，见图7-7。③改良单秆整枝。目前，早春大棚番茄多采用单秆整枝法，以利于养分集中运输和果实提早成熟，长势较弱的也可采用改良单秆整枝法。

图7-6 番茄单秆整枝

图7-7 番茄双秆整枝

（3）打杈 侧芽长至6～7cm时选择晴天打杈，打杈一般在上午10：00露水干后至下午3：00～4：00进行。早晨打杈，茎秆伤流大，不利于植株健壮生长；下午4：30以后打杈，遇夜间结露，则易造成伤口感染。阴雨天也不宜打杈。结合打杈及时打掉茎基部的老叶、病叶，以利于通风、透气、透光、减少病菌的繁殖。

（4）摘心与摘叶 参见第六章番茄露地高效栽培与采后保鲜技术。

5. 保花保果和疏花疏果

（1）保花保果 始花期混喷1%～2%尿素溶液+0.1%～0.3%的硼肥1～2次，以提高坐果率，防止花而不实；盛花期间用1%～2%尿素溶液+0.1%的花蕾保或0.1%～0.3%磷酸二氢钾溶液，每10天喷1次，连喷2～3次，对减少落花落果的效果明显。生产上多

采用15～20mg/kg的2，4-D或20～25mg/kg的番茄灵蘸花、涂抹花梗或喷花防止落花（图7-8）。生产上应合理施用生长调节剂，否则易发生药害。番茄叶片调节剂中毒症状，见彩图2。

图7-8　用2，4-D涂抹番茄花梗

利用植物生长调节剂对番茄进行蘸花或喷花，容易出现药害，番茄商品性差，且工作效率低，劳动强度大，难以保证蔬菜产品的质量安全。利用番茄震荡授粉器可有效解决上述问题，菜农需左手拿蓄电池，右手持震荡棒，在花柄处轻轻一碰，迫使花粉散出而完成授粉（图7-9）。此法属于自然授粉，无药剂残留，生产的番茄没有畸形果、裂果和空心果，品质优。番茄花序不同处理方式的果实比较见彩图3。采用上述授粉方式可使番茄果实成品率达80%以上，比传统授粉方式提高30%左右。此外，劳动力成本较高地区也可采用熊蜂授粉，盒装熊蜂如图7-10所示。

图7-9　番茄震荡授粉器授粉

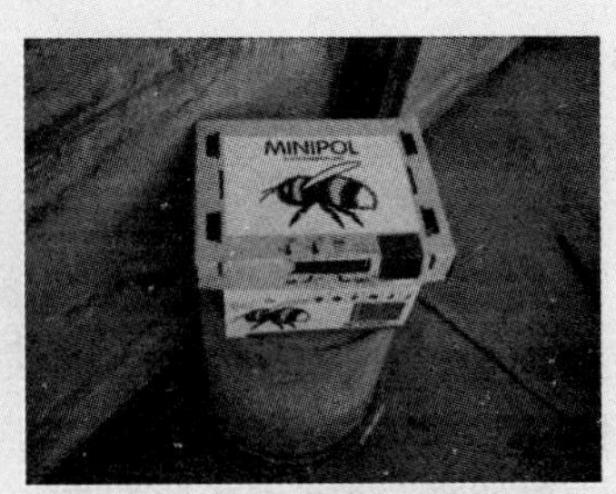

图7-10　盒装熊蜂

【注意】 生产实践表明，不论熊蜂授粉还是震荡授粉，果实膨果速度均不如调节剂处理的快，但果实品质优于后者，且更加符合蔬菜的无公害生产要求，尤其适用于绿色蔬菜和有机蔬菜生产。

(2) 疏花疏果 为使番茄坐果整齐、生长速度均匀，可适当进行疏花和疏果。每穗花选留 4 ~5 朵花。第 1 花序果实长到鸡蛋黄大小时，每穗留 3 ~4 个优质果。

七 采收

为争取适时上市，近销的番茄在果实开始转红后应及时采收；远距离运输的番茄可在青熟期或转色期采收，以便于运输。

第三节 番茄大棚越夏栽培技术

因夏季高温多雨等不利的自然条件存在，我国北方地区 8 ~9 月易出现蔬菜供应的淡季。近几年来，菜农利用大棚的闲置季节，采取遮阴、避雨等保护措施创造了较有利于番茄生长发育的环境条件，从而提高了越夏番茄的产量和品质，取得了较好的经济效益。其栽培技术措施如下。

一 品种选择

越夏栽培番茄生长期正处于高温多雨的季节，因此品种应选择耐热、抗病、优质、高产，尤其是具有较好的病毒病抗性的无限生长型品种。目前，越夏栽培常用的品种有毛粉 802、尼加拉 86、特大瑞光等。

二 育苗

1. 播种时期

越夏番茄的播种时间是关系经济效益高低的重要因素。如果播种过早，开花期正遇高温，则难以坐果；如果播种过晚，收获推迟，则会影响越冬蔬菜的种植。因此，育苗最佳播种期应选在 5 月中下旬，苗龄 30 天左右。

2. 种子处理

越夏番茄易感染病毒病，必须从种子开始预防。播种前应进行种子消毒，将种子放入55℃温水烫种10min，水量应为种子量的3～4倍，并不停搅拌，再用清水浸泡种子4～6h。也可选择药剂消毒，先用清水浸泡种子3～4h，再放入10%磷酸三钠溶液中浸种20min或用1%的高锰酸钾溶液浸种10min，捞出用清水冲洗干净，催芽后再播种。

3. 苗床管理

播种至齐苗，控制温度白天为25～30℃，夜间为12～18℃；齐苗至定植，控制温度白天为20～25℃，夜间为10～15℃。注意出现高温时必须及时通风、遮阴。播种时浇足底水后，出苗前后一般不再浇水，幼苗心叶叶色变为暗绿时，可喷水1～2次，并应在早晨8：00之前进行。为培育壮苗，幼苗3叶期可叶面喷施0.3%尿素、0.2%磷酸二氢钾液或液体硅肥1500倍液，5～7天1次，连喷2～3次。

幼苗徒长时，可喷助壮素1～2次，每次间隔5～7天。为防止种子“戴帽”出土，幼苗顶土时可撒些细土，兼顾弥补裂缝以利于生根，并可减少水分蒸发。

【提示】 大棚越夏番茄宜小苗定植。壮苗标准：一般苗龄为25～30天，苗高为12～15cm，茎粗0.6cm以上，4～5片真叶，叶色浓绿，次生根系发达，无病虫害（图7-11）。

图7-11 越夏番茄壮苗

三 定植

1. 整地、施肥

结合整地每亩施用腐熟的土杂肥10000kg或稻壳鸡粪5000～6000kg、酵素菌生物肥500kg、过磷酸钙30kg或复合肥100kg。深翻40cm，整平，起垄做成高20cm、宽60cm的高畦，每畦定植2行。

2. 定植

6月中下旬定植。定植时应选择晴天傍晚或阴天进行，忌在暴雨后定植。定植苗要求健壮、无病，大、小苗分级定植，徒长苗卧栽。带土移栽，覆土不超过子叶，幼苗不能栽在基肥正上方，以免烧根。

四 定植后管理

1. 温、光管理

7～8月属高温、多雨季节，棚室越夏番茄应尽量降低棚内温度，一般控制昼温26～30℃，夜温20～24℃。为降低棚温，预防病虫害，特别是蚜虫和白粉虱的危害，在大棚通风口处应安装防虫网，棚门吊纱网门，这样可利用上下风口高度差形成空气对流。中午阳光强烈时，还可在棚膜上加盖遮阳网遮光、降温（图7-12）。

图7-12 遮阳网覆盖栽培

【小窍门】>>>>

为降低棚室地温，可向棚内地面撒麦秸或麦糠200kg/亩，以防止太阳直射地面及土壤板结。

7～8月，棚内光照一般可满足番茄生长发育期对光照的要求。9月中旬以后，注意清洁棚面薄膜，以增加棚内光照。

2. 水肥管理

定植缓苗后及时浇缓苗水，并保持土壤湿润。缓苗后应抓紧中耕松土，划土保墒，拔除杂草，促根深叶茂，增加植株的抗病性。水分管理是种好越夏番茄的关键。为防止病毒病的发生应经常灌水，但水分过多会加重落花落果，可浇“过膛水”，浇水后及时中耕。第1穗果长至鸡蛋大小时，结合浇水每亩追施复合肥20～30kg或尿素10～15kg、普钙10kg和硫酸钾10kg。第1穗果转色接近成熟，第2、第3穗果迅速膨大时及时追施第2次肥，追肥量为复合肥30～40 kg/亩和硫酸钾15～20kg/亩。以后视生长情况或者每采摘2～3次果追1次肥，每次肥量为复合肥10～15kg/亩、尿素5～6kg/亩。

在番茄盛果期补施含钾、硼、钙等养分的叶面肥，可促使植株生长健壮，叶色绿，果实着色好，增强植株抗性，促进早熟，改善果实品质，提高番茄产量。一般于晴天上午10：00或下午4：00，结合病虫害防治用0.2%磷酸二氢钾、乐土硼、硫酸锌等微肥水溶液叶面喷施3～4次，每10～15天1次。

3. 花果管理

（1）保花保果 番茄开花后可用20～30mg/kg的番茄灵溶液喷花，每穗花只喷1次，以防药害和产生畸形果。此茬口不宜使用2,4-D，气温高于32℃时不宜使用调节剂点花。越夏番茄前期（10月份以前）若有昆虫授粉也可以不用点花。

（2）疏花疏果

1）越夏番茄的疏花技术。每穗选留5～6朵正常健壮的花蕾，其余全部疏掉，特别要疏掉每穗花中第1朵最早开放的花，使营养集中供给后开花蕾，提高番茄精品率。此外，还要疏除萼片数9枚以上的花蕾，避免发育成畸形果。

2）越夏番茄的疏果技术。留果的原则：大中果型品种一般每株留果5～6穗，第1穗果留3～4个结果，第2～4穗可留4～6个，第5穗以上控制在4个以内。果实大小均匀时可多留，果实大小差异较大时要少留。每穗果坐齐后，可先留果5～6个，当果实长至直径约

2cm 时，应及时疏除畸形果和病残果，以促使大果形成，提高商品率。

4. 植株调整

越夏番茄一般进行单秆整枝，可吊蔓或支架栽培。主枝留足够果穗后摘心，越夏番茄整枝须知：

1）打杈的时间不宜过早和过迟，最佳时间应在杈芽长至 5～10cm 时选晴天进行。

2）当分杈还嫩小时，可采取用手抹芽的方式。

3）当分杈很大时，要使用锋利的剪刀进行打杈，不宜用手掰，以免加大伤口，增加病菌感染机会。

4）打杈时宜留 0.5～1cm 的杈基部。

该茬番茄在生长中后期，枝叶繁茂，通风透光不良，容易导致病害，应及时清除下部老叶、黄叶、病叶和密叶，打叶按“摘老不摘嫩，摘黄不摘绿，摘内不摘外，摘病不摘壮”的原则进行。

【注意】 ①已感染易传染病害的病株（如病毒病），应单独进行整枝，避免人为传播病害。②打杈摘心（封顶）应选晴天进行，以利于伤口愈合，避免在雨天或露水未干时进行，防止病原菌感染。③第 1 花序下的 1 个侧枝，不宜过早打掉，以为后面的死苗空塘留预备苗。

五 采收

大棚越夏番茄 9 月开始上市，10 月中旬采收结束。拉秧后及时换膜、整地、施肥、灭菌，以待定植越冬蔬菜。

第四节 番茄大棚秋延迟栽培技术

华北地区大棚番茄秋延迟栽培一般在 7 月中下旬播种，8 月中下旬定植，10 月上中旬开始采收，11 月下旬～12 月上旬拉秧。由于大棚秋延后番茄品质好，上市期正处于茄果类蔬菜的供应淡季，市场销售好，经济效益高。但秋延迟栽培番茄在生长发育前期高温多雨，植株长势弱，易感病毒病；后期温度逐渐下降，又需要防寒保温，

防止冷害、冻害，因此栽培上具有一定的难度。

一 品种选择

番茄大棚应选择抗病性强、早熟、高产、耐储藏的品种。目前生产上的常用品种有特罗皮克、佛罗雷德、佳粉1号、L401、佳粉16号、双抗2号等。

二 培育壮苗

适宜的播期对番茄秋延迟栽培很重要，此茬番茄如播种过早，苗期正遇高温雨季，病毒病发生率高；播种过晚，则生长发育期不足，顶部第3穗果实不能成熟。适宜播期应在当地气温达到零下5℃左右的时期向前推移110天左右为宜。如北京地区以7月10日前后为宜，辽宁吉林以6月中下旬为宜，河南、山东等地以7月中下旬为宜。

番茄秋季育苗最好在大棚内进行，忌用老苗床和种过茄果类、瓜类作物的田块。在减少病源同时给育苗床覆盖大棚顶膜，可以防暴雨冲刷。在通风口安装防虫网，可以减少蚜虫危害，防止病毒病的发生。在棚顶部覆盖旧薄膜或遮阳网，中午超过30℃时，还可盖上草帘，形成花荫，并四周通风，以减弱光照强度，防雨降温。

播种前3～4天，用10%的磷酸三钠溶液浸种20min，清水洗净消毒液后用30℃温水浸种3h。置室温下催芽，出芽后播于准备好的育苗畦内。出苗后要及时间苗，并注意防治蚜虫。番茄幼苗出现2～3片真叶时分苗，苗距12～13cm。缓苗期间，中午前后搭阴棚。定植前4～5天浇水切块，带土坨定植。

可以采用穴盘或营养钵育苗。播种后在床面上加盖一层薄稻草，再搭盖遮阳网等进行遮阳与保湿。出苗后，及时揭除覆盖物，并结合防治蚜虫、斑潜蝇，每10天左右喷1次盐酸吗啉胍等防病毒病的药剂。一般秋番茄栽培苗龄为30天左右，真叶7～8片时带土定植。

播种后的适温管理：发芽期温度控制在白天为25～28℃，夜间为18～20℃，出苗后温度降低3～5℃。后期温度升高要适当遮阴，育苗后期气温较高，要适当控水防止徒长。幼苗3叶期至开花前，可喷洒矮壮素1000～1500mg/kg，每7天喷1次，连喷2～3次。

三 整地、定植

定植前清洁田园，整地施肥。为尽量降低前期地温，此茬基肥最好不施用秸秆肥、牲畜肥等发热性强的有机肥料。应采用经充分腐熟的土杂肥或化肥作为底肥，一般亩施腐熟猪粪等杂肥5000kg、过磷酸钙50～100kg、尿素10～15kg或复合肥50kg、菜籽饼100kg。可采用平畦或起垄栽培，定植密度比早春茬栽培稍大，单株留3穗果。

番茄定植正值夏季高温期，应选傍晚定植，并及时浇水，以利于缓苗。定植后若遇晴天强光照射，则应加盖遮阳网遮阳。缓苗后应及时揭除遮阳网，浇1～2次稀粪水或沼液肥，促进发棵，并及时中耕松土。

四 定植后管理

1. 温度管理

定植缓苗后气温还相对较高，应昼夜大放风，白天盖遮阳网，保持昼温不高于30℃，雨天停止放顶风，防止雨水淋入棚内。随气温下降，逐渐减小放风量和放风时间。9月中旬，当夜间外界气温降至15～12℃时，要把四周薄膜盖严，只留顶缝，棚温白天控制在25～28℃，夜间控制在15～17℃。气温再下降时应密闭不放风，但白天气温高时仍需放风。10月上中旬，棚内温度白天保持24～28℃，夜间不低于10℃，为防止突然降温而使番茄苗遭受低温冷害，遇到寒潮时可在棚四周围上草苫子保温。

2. 肥水管理

水分管理是秋番茄栽培的关键措施。在炎热夏季，为降低土温、防止病毒病，应经常灌溉。但是水分过多，尤其是土壤积水，易引起植株徒长、沤根、落花，因此最好选择排水良好的壤土或沙壤土，采用高畦栽培。除施基肥外，在果实膨大期应追肥2～3次。具体做法是：浇足定植水，缓苗后多次中耕保墒，并进行蹲苗促进根系发育。第1穗果长至核桃大时追肥灌水，每亩施磷酸二铵25kg、硫酸钾10kg。后期应随灌水追稀粪800～1000kg或沼液肥200～300kg。具体灌水时间由墒情而定，一般15天左右灌1次水，灌水后放风排湿，并及时中耕松土，散湿保墒。

3. 光照管理

进入结果后期，光照逐渐减弱，光照时间变短，因此在不影响保温的前提下，应尽量延长光照时间，增加光照强度。具体采取的措施有适当早揭、晚盖草帘，清扫棚膜上面尘土，采用合理的整枝与搭架技术等。

4. 植株调整

秋延迟番茄多采用单秆整枝，具体方法参考本章第二节番茄塑料大棚早春茬栽培技术。

5. 疏花、疏果

秋番茄应进行疏花疏果，疏掉多余的花蕾及畸形花。坐果以后应疏掉果形不整齐、不标准及同一果穗发育太晚的果实。本茬番茄第1花序开花坐果期由于温度较高，经常发育不良，畸形花及不完全花（如仅花萼发育的空壳花）比例有时可高达60%~70%，因此生产上可及早将第一花序摘除，留第2穗及以上的果穗。

6. 保花保果

9月中旬后，夜间温度偏低，不利于番茄授粉和受精，可在每穗花有2~4朵开放时用10~15mg/kg的2，4-D或30~40mg/kg番茄灵蘸花或喷花。

五 采收

大棚秋番茄果实转色后及时采收上市，11月下旬~12月上旬当棚内温度下降到2℃时，要全部采收，进行简易储藏，具体可参考第六章番茄露地高效栽培与采后保鲜技术。秋番茄一般不进行乙烯利催熟，以延长储藏时间和供应期。

番茄储存也可采用倒株储存的方法，即去除番茄支架，摘除所有叶片，将植株放倒于地面，用竹竿架空，再覆盖小拱棚保温，同时注意降低棚内湿度。采用此法储存，番茄可以延续供应至2月上旬，且倒株储存的番茄表皮光滑、无皱缩，弥补了采摘后储存而带来果实失水严重、果面皱缩、病斑多、色质不好、商品性差的缺陷。

第五节 番茄日光温室越冬茬栽培技术

越冬茬属于大茬，一般于9月中下旬~10月上旬育苗，11月定植，第二年 1 月开始采收。与其他栽培茬口相比，该茬番茄多数时间处于低温、弱光季节，栽培技术难度最大。因此，如何创造适宜番茄生长发育的温度、湿度、光照和气体环境，是越冬茬栽培番茄能否获得优质高产的关键。华北地区番茄生产用日光温室主要包括竹木结构简易温室和热镀锌钢管拱架结构温室（图 7-13）。

图 7-13　竹木结构简易温室和热镀锌钢管拱架结构温室

一 品种选择

应选择在低温弱光条件下坐果率高、果实发育快、果实个体较大、硬度好、耐储运的番茄品种。常用的无限生长型优良品种有中寿 11-3、丽春、佳粉 1 号、玛瓦等；有限生长型的优良品种有早春、中丰等。

二 培育壮苗

越冬茬番茄应在 9 月中下旬～10 月上旬播种，苗期管理参照第五章番茄育苗技术。定植前 1 周进行低温炼苗。温度保持白天为 16～18℃，夜间在 10℃以上。

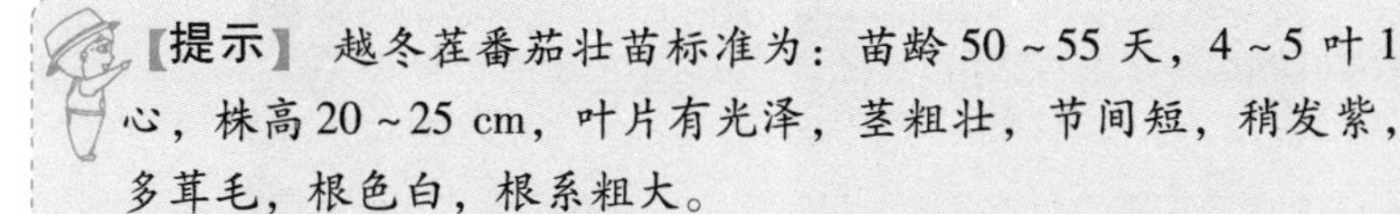

【提示】 越冬茬番茄壮苗标准为：苗龄 50～55 天，4～5 叶 1 心，株高 20～25 cm，叶片有光泽，茎粗壮，节间短，稍发紫，多茸毛，根色白，根系粗大。

三 定植

1. 定植前的准备

（1）土壤和棚室环境消毒　日光温室多属连作地块，应结合翻

地每亩施入20%地菌灵可湿性粉剂、50%多菌灵可湿性粉剂或70%甲基硫菌灵可湿性粉剂3kg灭菌杀虫。线虫发生地块应在翻地前撒施10%噻唑磷颗粒剂2～5kg/亩或5%阿维菌素颗粒剂3～5kg/亩防治。定植前5～7天于傍晚每亩棚室点燃百菌清烟剂200～250g或硫黄500g，然后闷棚，进行棚室环境消毒，定植前通风换气。

（2）整地和施肥 结合整地每亩施入充分腐熟的优质农家肥6000～7000kg或者稻壳鸡粪或鸭粪4000～5000kg、三元复合肥60～100kg或磷酸二铵（或尿素）50kg、过磷酸钙50～70kg和硫酸钾20kg。其中一半化肥犁地前撒施，其余一半垄下条施。

（3）做垄（畦） 温室番茄栽培宜采用高垄覆膜，膜下暗灌技术（图7-14）。可在垄南北两端架设小铁丝矮拱架，拱架中央拉一条南北向细铁丝，然后上覆地膜。南北向按大小行栽植，大行距80cm，小行距60cm，做成60cm宽的垄（垄上定植2行），垄高20～25cm，垄间耧成浅沟。也可按垄距110～120cm做垄，垄高15～20cm，垄面要平整。并提前扣好地膜，促使地温升高，棚内10cm地温达到12℃即可定植。

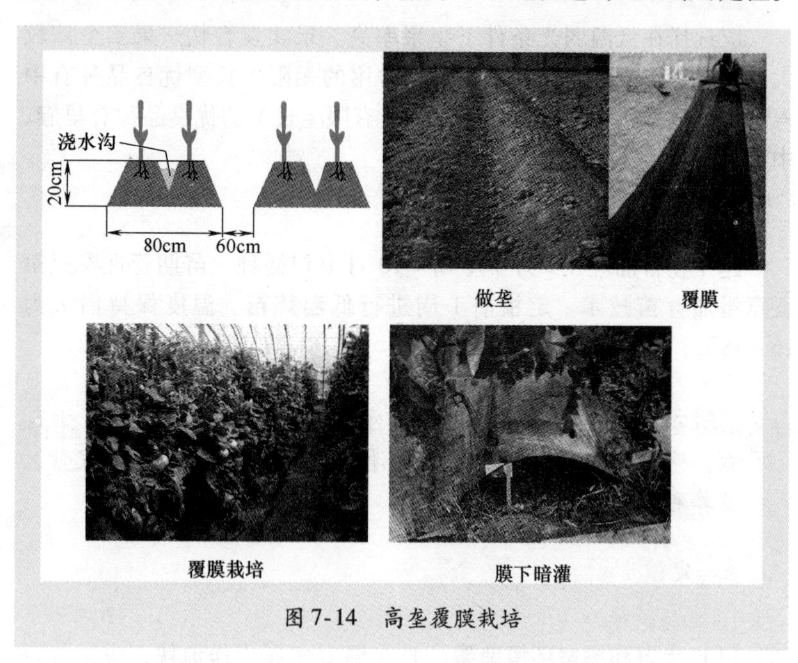

图7-14 高垄覆膜栽培

【提示】 冬春茬棚内地温较低，因此不宜采用黑地膜覆盖以免影响地温造成根系发育不良。同时，为降低棚内湿度和增加地温，生产中提倡温室内地膜全覆盖或操作行铺草。

（4）垄间铺设远红外电热膜 为防止番茄低温沤根，可在种植垄沟间垂直铺设10cm宽远红外电热膜，以每平方米功率110W为宜，基本可以满足番茄整个寒冷季节根部夜温需求，效果良好。

（5）栽培垄下铺设秸秆发酵反应堆 温室定植垄下铺玉米或花生秸秆和秸秆反应堆专用菌肥后，秸秆在分解过程中产生二氧化碳气肥和热量，可以有效提高地温，改善土壤理化结构，提高作物抗逆性，减少土传病害发生，番茄单产增加，品质改善，并可提前上市。因此生产上提倡用秸秆反应堆发酵技术（图7-15）。

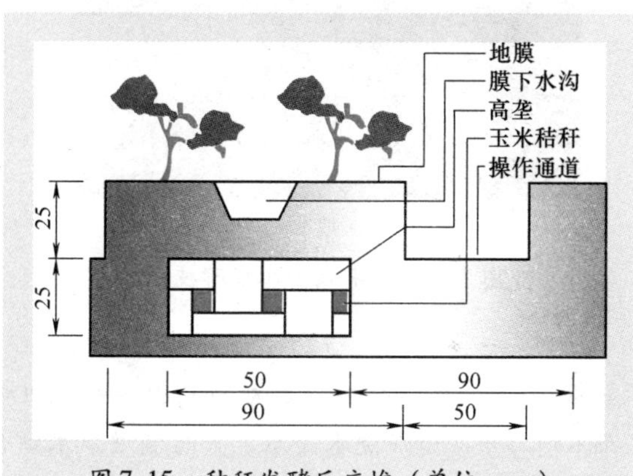

图7-15 秸秆发酵反应堆（单位：cm）

秸秆反应堆发酵技术要点如下：

1）反应材料：每亩温室需秸秆4000kg和菌种8～10kg。将菌种均匀混入25kg麦麸中，加水均匀搅拌至手轻握不滴水为宜。

2）操作步骤：在预定定植垄下开沟，宽60cm、深25～30cm。将秸秆铺入沟中，踏实，厚度约为30cm。将麦麸拌好的菌种均匀撒于秸秆上，轻拍秸秆，让菌种与下层秸秆均匀接触。然后在秸秆上方覆土10cm，将覆土踏实后，保留畦埂，并顺沟浇透水。水完全渗下后，在反应堆位置上方做60cm宽的双高垄，结合做垄条施化肥。

然后覆盖地膜，覆膜 10～15 天后反应堆开始启动，选择"寒尾暖头"天气及时定植并打孔。定植后用 ϕ14mm 钢筋在垄上间隔 20cm 打孔，以穿透秸秆层为准，便于通气散热（图 7-16）。

开沟　　铺秸秆

埋土

图 7-16　秸秆反应堆发酵技术

【提示】在沟内铺设秸秆时，厚度应均匀一致，以免秸秆腐烂后畦面不均匀下沉造成浇水困难。如与滴灌技术结合则可解决上述问题。

【注意】该技术亦可简化为：将粉碎秸秆铺于地面，撒施菌种后，结合整地将秸秆和菌种一起翻入土壤中，生产中可大大减少用工成本。

2. 幼苗定植

当番茄幼苗长至 4～5 叶 1 心时，按株距 35cm 栽苗。地膜覆盖可采取先覆膜后定植的方法，也可采用先定植缓苗再"苗侧套盖"的方法。

四 定植后的管理

越冬茬番茄中期正处于低温和一年中光照最弱的季节，因此环境调控应以增温、保温和增光为主，前期管理上要少通风、晚通风、早盖苫、调节合理湿度，并采取措施应对连阴天等不良天气。

1. 温度管理

番茄幼苗定植后，温室应继续密闭5～6天，创造高温、高湿的环境条件，加快缓苗速度。如果幼苗在中午出现萎蔫现象，则应及时采用“花苫”进行短期遮阴以利于缓苗。

缓苗后放风以降温降湿。放风宜在晴天中午前后进行，以室内最高气温不超过30℃为宜，最好控制在25～28℃，夜温前半夜应维持在14～16℃，后半夜可降低至8～12℃。当进入果实发育盛期时，室内气温可适当升高1～2℃。

1）温度调控主要通过揭盖保温被和通风进行。主要措施有：

① 上午阳光照射前屋面，揭苫后温度不下降时应及时揭苫换气、散湿。

② 因大风、雨雪、阴天等不良天气揭苫后温度明显下降可不揭苫，但应在中午前后短时揭盖草苫通风、降湿，并及时除雪。

③ 连续5～7天阴雨天后骤然放晴，可采用揭晒“花苫”或“回头苫”的方法防止植株失水萎蔫。

④ 应用卷帘机的温室，可先将草苫卷至温室棚膜中部，半小时后再逐渐将草苫卷至顶部。

2）极寒天气下应采用辅助设施增温和保温。主要包括：

① 在种植垄沟内埋设远红外电热膜进行人工增温，可有效提升地温，防止番茄沤根。

② 盖草苫或保温被后在其上再覆盖一层废旧“浮薄膜”，可防雨保温（图7-17）。

图7-17 浮薄膜

③ 定植垄上加设大拱棚，拱棚内铺设地膜，地膜采取全地面覆盖或操作行覆草。

④ 植株吊蔓后可在其上方适当位置拉设薄农膜作为二层保温幕，通过以上多层覆盖方法进行保温。

2. 光照管理

越冬茬温室栽培番茄的季节光照时间短、强度弱，往往达不到番茄正常生长发育所需要的光照强度，应采取措施增加室内光照强度和光照时间。主要措施如下：

1）采用无滴 PO 膜或 EVA 膜作为透明覆盖材料，并经常保持膜面清洁。

2）在满足室内温度的情况下，草苫或保温被应尽量早揭晚盖，延长透光时间。必要时，可采用高压钠灯、LED 灯或沼气灯补光。

3）保温条件好的温室还可在室内北墙增挂镀铝反光幕，以增加温室后部光照。

4）采取室内全地面地膜覆盖、操作行覆草、膜下暗灌、适时通风换气等措施降低室内湿度，减少光线衰减。

5）及时打去老叶和不需要的侧枝以改善冠层光照。

【小窍门】>>>>

可以在温室的后墙张挂反光幕，这样不仅能增加棚内光照，促进果实着色，还可以提高棚内温度。

3. 肥水管理

定植缓苗后，根据植株的长势和土壤墒情，考虑是否浇水。长势旺、墒情好，可不浇；长势弱、土壤干旱或已出现坠秧现象，可轻浇一次缓苗水。番茄处低温弱光时期如不特别干旱，尽量不浇水，浇水以浇小水为宜。温光条件转好时，灌水量要逐次加大，一般每 7 天灌 1 次水。

越冬茬番茄每穗果坐住并开始膨大时均宜追催果肥 1 次，在第 1、4、6 穗果膨大期间每次可随水冲施番茄专用肥 15kg/亩或硝酸钾 10kg/亩，在第 2、3、5 穗果膨大期追施番茄专用肥 5kg/亩。

4. 湿度管理

番茄适宜的空气湿度一般为相对湿度 45% ~ 50%，湿度过小不利于坐果，湿度过大易造成花期延迟，病害多发，品质下降。

主要的降湿措施有：

1）采用无滴膜。

2）浇水后根据天气情况及时加大通气排湿量。

3）进入结果盛期适当加大排气量。

4）外界温度稳定在13～15℃时可进行昼夜通风。

5. 施用二氧化碳（CO_2）气肥

二氧化碳（CO_2）是作物进行光合作用的重要原料。大气中的二氧化碳含量约为300mg/kg，但日光温室在栽培前期温度较低，通风换气时间较短，因此除夜间外，棚室内二氧化碳常处于亏缺状态，影响了番茄光合作用的正常进行和同化物的积累。人工施用二氧化碳气肥对番茄增产可起到一定作用。

当前，温室施用二氧化碳气肥技术主要有4种：①利用新鲜马粪发酵产生二氧化碳，一般每平方米堆放5～6kg；②燃烧丙烷产生二氧化碳，每600m^2棚室面积燃烧1.2～1.5kg丙烷可使棚内二氧化碳含量提至1.3mL/L，可根据棚室面积确定燃烧丙烷量；③利用焦炭二氧化碳发生器，焦炭充分燃烧时释放二氧化碳；④最常用的方法是在塑料容器中放置稀盐酸和石灰石（碳酸钙）或者稀硫酸和碳酸氢钠，通过化学反应产生二氧化碳。

二氧化碳气肥的施用适期为番茄开花后10～15天（果实膨大期）。在上午10：00植株光合作用接近最高点时施用，最佳施用量为0.75～1.0mL/L，通风前30min停止。一般1天施放1次，一次施用2～3h即可基本满足植株光合需求。如遇阴雨天应停施二氧化碳气肥。番茄施用二氧化碳气肥后，根系的吸收能力提高，生理机能改善，施肥量应适当增加，以防植株早衰，但也应避免肥水过量，否则极易造成植株徒长。注意增施磷、钾肥，适当控制氮肥用量，还应注意用调节剂点花保果，促进坐果，加强整枝打杈，改善通风透光，减少病害发生，平衡植株的营养生长和生殖生长。

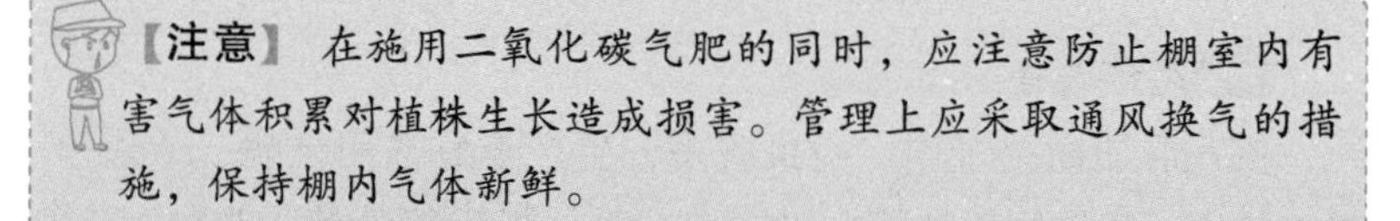

【注意】 在施用二氧化碳气肥的同时，应注意防止棚室内有害气体积累对植株生长造成损害。管理上应采取通风换气的措施，保持棚内气体新鲜。

【提示】 番茄产量与叶片光合作用直接相关，叶片光合作用受棚室温度、光照、二氧化碳浓度等多种环境因素影响，单一因素改善未必显著增产。因此，采取二氧化碳施肥技术应在本地棚室内先行试验，确有增产效果后再推广。

6. 植株调整

多采用单秆整枝、吊蔓栽培方法。根据温室条件不同和植株长势情况，可留6~10穗果。在每穗果充分膨大后，及时摘除其下部叶片。花期进行熊蜂授粉或用植物生长调节剂点花。温室栽培大果型番茄每穗花可留5朵花，坐果后留果3~4个，中果型品种每穗留花6~7朵，坐果后留果4~5个。一般在番茄果实长至拇指甲大时进行疏果。

【提示】 整枝时，手常被番茄的枝叶污染，可用乙烯利水剂清洗。

7. 病虫害防治

参考第十二章番茄病虫害诊断与防治。

五 采收

番茄开花到果实成熟，早熟品种需40~50天，中晚熟品种需50~60天。由于越冬茬果实成熟时正值低温弱光季节，果实物质转化慢，成熟时间更长。

第六节 番茄日光温室秋冬茬栽培技术

秋冬茬番茄是日光温室中安排的主要茬口。产品主要供应元旦和春节市场，各地普遍栽培。该茬一般7月中下旬~8月上中旬播种育苗，8月中下旬~9月上旬定植；9月中下旬~10月初扣膜，11月下旬~第二年2月初采收。

一 品种选择

该茬前期高温多雨，病虫害多，生产上宜选用抗病、结果多、果形适中、果皮厚且坚硬、耐储运、畸形果少的品种。如魁冠、金元宝、金棚、世纪星、辽园多丽、中研958、中研988、国冠、中杂8号、佳粉15等。

二 培育壮苗

秋冬茬番茄的育苗期因温度高，幼苗生长较快。苗龄30~40天，5~6片真叶时即可定植。若幼苗有徒长趋势，可叶面喷施0.05%~0.1%矮壮素溶液。

【提示】 温室秋冬茬番茄壮苗标准：5~6片叶，苗高12~15cm，茎粗0.5cm左右，茎间较短，叶片肥厚，叶色浓绿，根系发达、须根多，无病虫害。

三 定植

定植前进行棚室消毒。结合整地每亩施有机肥4000~5000kg、磷酸二铵25~30kg和硫酸钾10~15kg。

采用大小行栽培，大行距70cm、小行距50cm、株距35cm。采用黑膜覆盖，小行间留灌溉沟，采用膜下暗灌。

四 定植后管理

1. 温度和湿度管理

秋冬茬温室番茄生育期恰处外界气温由高到低逐渐降低的阶段，因此，温室内温度的调节也应随外界气温的变化和番茄不同生育阶段对温度的需求而灵活掌握。可通过提前或推迟揭盖草苫、增减通风量来实现日光温室的温度控制。具体管理措施如下：

定植后5~6天密闭棚室保温、保湿，苗期温度保持白天在25~30℃，夜间15~20℃，空气相对湿度80%~90%。开花坐果期温度保持白天25~28℃，夜间16~18℃，空气相对湿度60%~70%。结果期可适当加大通风，温度保持白天22~26℃，夜间13~15℃，空气相对湿度50%~60%。

2. 光照管理

秋冬茬番茄生长要经过较长时间的严寒季节，光照不足会影响植株正常生长和果实发育。因此，越冬时可增加补光措施，保证良

好的光照条件。具体措施参见本章第五节番茄越冬茬栽培技术。

3. 肥水管理

该茬番茄生育前期应适当控制灌水和追肥，中、后期可适当增加肥水量，并经常保持土壤湿润，防止忽干忽湿。一般每间隔 8～10 天灌水 1 次。第 1 穗果开始膨大时，结合浇水追催果肥 1 次，每棚施番茄专用肥 20kg 或水溶性复合肥 20kg。视生长情况，第 2～3 穗果开始膨大时追第 2 次肥，每亩施番茄专用肥 10kg、硫酸钾 15kg。结果盛期可叶面喷施尿素、磷酸二氢钾或液体硅肥，以防植株早衰。

4. 其他栽培管理措施

参见本章第五节番茄越冬茬番茄栽培技术。

第七节　番茄日光温室冬春茬栽培技术

冬春茬番茄一般在 11 月上旬～12 月上旬播种，第二年 1 月中下旬～2 月上旬定植，3 月上中旬～6 月收摘。该茬番茄前期温、光环境较差，生产上应采取措施保温、增光，促苗期发育良好，为丰产、优质打下基础。

一　品种选择

选用耐低温、耐弱光且抗病力强的优质番茄杂交品种，具体参考第三章番茄的优良品种介绍。

二　培育壮苗

参见第五章番茄育苗技术。

三　定植

定植前进行温室消毒。结合整地每亩施有机肥 5000～7500kg、复合肥 50kg 和硫酸钾 30kg。于 2 月上旬定植，采用高垄覆膜、膜下暗灌技术，大小行栽植，大行距 80cm、小行距 50cm、株距 35cm。

四　定植后管理

1. 温度管理

定植后 5～6 天注意保温保湿，加快缓苗。缓苗后适当放风降温、降湿，保持昼温25～28℃，不宜超过30℃；前半夜温度14～16℃，后半夜可降低至8～12℃。进入果实发育盛期后，温室内气温可适当升高1～2℃。

2. 光照管理

该茬番茄前期光照较弱，应采取措施增光、补光，具体措施可参考本章第五节番茄越冬茬栽培技术。

3. 肥水管理

（1）水分管理 植株定植后视墒情浇缓苗水1次，水量不宜过大，之后进行蹲苗。第1穗果长至核桃大时结束蹲苗，此时若土壤干旱应及时浇水。浇水宜把握浇果不浇花的原则，进入结果期后适当加大灌水量，保持土壤相对湿度80%～85%为宜。

（2）施肥管理 第1穗果开始膨大时，结合浇水追催果肥1次，用肥量为番茄专用肥10～20kg/亩。第2穗果开始膨大时追第2次肥，每亩施番茄专用肥10～20kg/亩或硫酸钾15～25kg/亩。第3穗果开始膨大时追第3次肥，用肥量与前2次相同；盛果期喷施叶面肥3～4次。

近年来，硅肥在蔬菜生产上的应用呈增加趋势，为了让种植番茄的朋友了解硅肥的基本特点和用法，本节简要介绍常见硅肥及其施用技术。

1）硅肥对蔬菜的生理作用

硅已被国际土壤学界确认为继氮、磷、钾之后的第四种植物营养元素，具有较好的增产、抗病、抗逆的作用。其主要生理作用如下。

① 吸收硅元素后，植株叶片、叶鞘等可形成“胶质－双硅层”，细胞壁增厚，对病虫害的抗性水平显著增强。

② 硅元素可以影响植物对氮磷钾及其他微量元素的吸收。

③ 调节植物光合作用和蒸腾作用。

④ 提高植物抗倒伏性和抗寒性。

⑤ 增强植物对病虫害的抗性水平，如黄瓜猝倒病、白粉病等。

⑥ 具有较好的增产和改善品质的效果，如使辣椒、西瓜果皮硬度增加、光亮度增加等。

2）现有硅肥的分类和特点

① 根据原料来源和有效硅含量，硅肥可分为高效硅肥和熔渣硅肥。

a. 高效硅肥：由水玻璃或石英砂和碳酸钠在高温下反应生成，主要成分是硅酸钠和偏硅酸钠的混合物，水溶性，有效硅质量分数可达50%～60%。

b. 熔渣硅肥（包括炉渣硅钙肥、粉煤灰硅钙肥等）：主要指用钢渣、炉渣、粉煤灰等工业废渣生产的硅肥，多为难溶性，有效硅质量分数可达10%～35%。

② 按硅元素的溶解性，硅肥又可分为水溶性硅肥和难溶性硅肥2类。

a. 水溶性硅肥：主要是硅酸钠盐和硅酸钾盐，有效硅含量较高，具有速效性，但施入土壤后易淋失，肥效短。

b. 难溶性硅肥：主要是硅酸钙盐，有效硅含量较低，具有迟效性，施入土壤后硅释放较缓慢，肥效长，如偏硅酸钙的施用量为100kg/亩，其残效可达4年以上。

3）水溶性硅酸盐的用法介绍

以“高喜宝”离子硅酸水溶肥（每隔10～15天使用1次）为例，如图7-18所示。

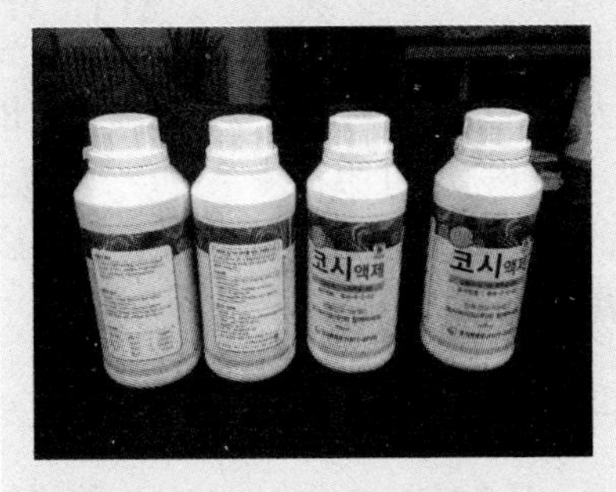

图7-18　离子硅酸水溶肥

① 育苗期：1500倍液叶面喷施（预防立枯病，促进根部发育和促进生根）。

② 生长期：1000倍液叶面喷施（促进生根、预防各种霉菌病、增强光合作用）。

③ 收获期：1000倍液叶面喷施（增加收获量、提高保鲜耐储性、增加糖度）。

4. 其他栽培管理措施

参见本章第五节番茄越冬茬栽培技术。

第八节　棚室番茄连作障碍克服技术

连作病害（又称重茬病害）是指因同一作物在同一地块长期耕

种所带来的病害，包括因连作而导致土壤营养物质不平衡等原因引起的生理性病害及因病原菌发生严重而导致的病理性病害，对作物正常生长形成障碍。番茄经多年连作即发生连作障碍，可造成减产20%~50%，品质严重下降。因此，在番茄栽培上应采取多种技术措施克服连作障碍，以确保持续增产增收。

一 番茄连作障碍的产生原因

1. 病原微生物传播和积累

连作土壤中真菌种群平衡发生改变，土传性病原菌积累较多，特别是疫病、青枯病等病源物的积累，容易发生病害。

2. 土壤矿物质营养元素缺乏

番茄连作对土壤氮、磷、钾等营养元素的不均衡消耗，易造成土壤必需矿质营养含量降低和失去平衡，致使植株正常的生长发育因矿质营养缺乏受到影响。

3. 土壤理化性质改变

常年连作可改变土壤耕层结构，造成土壤板结，酸化、盐渍化加重，土壤的理化性状恶化不利于作物根系的正常生长。

4. 作物自毒作用

前茬番茄残茬腐解物有利于病原微生物的生长和繁殖，从而加重了重茬病理性病害的发生和危害。此外，前茬番茄根系某些分泌物具有自毒性，能够抑制作物自身的生长。

二 番茄连作障碍克服技术

1. 农业措施

（1）选用抗病品种 尤其棚室栽培番茄应选用抗病、抗逆、高产优质的品种，如中寿11-3、齐达利、普罗旺斯等，具体品种选择还应根据当地市场及生产经验判断。

（2）嫁接育苗 目前番茄嫁接育苗推广面积不大，应着力选育抗病和亲合力强的番茄砧木，推广应用嫁接苗是克服连作障碍的重要措施之一。

（3）轮作换茬 重病地可与禾本科、豆科、十字花科或葱蒜类作物轮作3~4年。或者进行倒垄，即连作田起垄时避开上一年的位

置，可相对减少病害。

（4）适当深耕 深耕宜打破犁地层，耕深25cm以上。生产上宜冬前深耕，若结合进行冬灌效果更好。

（5）配方施肥 在测土基础上根据番茄的养分需求规律合理配方施肥，适当增施微量元素。微量元素的补给是解决重茬栽培土壤矿质营养含量降低和失去平衡的重要手段。已发生酸化的土壤可每亩用石灰粉50kg左右与细土混匀施于定植沟内调节pH近中性。

（6）增施有机肥 有机肥肥效缓慢，但养分全面，番茄生产上提倡重施有机肥。一般地力可每亩施优质圈肥8000kg、鸡粪500kg（鸡粪须用辛硫磷喷拌，农膜覆盖堆放7天）或进行小麦、玉米或油菜等作物秸秆还田。秸秆还田可以有效改善土壤理化性状，减缓土壤次生盐渍化，增加土壤保肥蓄水能力，还能起到强化微生物相克的作用，对防治和抑制有害菌效果很好。有条件的地区还可推广应用秸秆发酵堆技术。

（7）精细管理 田间管理上应注意科学浇水，通风排湿，合理管理温度，采用高垄覆膜、膜下暗灌技术及合理整枝，及时摘除病叶、病果，清除杂草等。

（8）推广有机生态型无土（有机基质无土）**栽培模式** 该栽培模式的显著特点在于植株生长发育完全与土壤隔离（彩图4、彩图5）。有机基质无土栽培技术在棚室番茄生产上的应用，可成功消除番茄连作障碍的危害。

2. 物理防治

（1）物理防虫 夏季利用防虫网防虫，通过遮阳网遮阳、降温的同时也可防虫。根据昆虫的趋黄性、趋蓝性和趋光性等特点，可在棚室内悬挂黄板、蓝板或黑光灯等诱杀成虫，以减轻病虫害的传播。

（2）高温闷棚 定植前高温闷棚对霜霉病、疫病等主要病害的病原菌有很好的杀灭作用。方法是：选择晴天上午浇水后闭棚，待棚温达46～48℃后，持续2h，开始慢慢打开风口，闷棚后应加强水肥管理。

3. 化学防治

（1）种苗处理

1）种子消毒：对可能带菌的种子必须进行种子消毒。播种前，先把种子用清水浸泡 10～12h 后，再用 1% 硫酸铜溶液浸种 5min 或 1% 高锰酸钾溶液浸种 20min，捞出后拌少量草木灰或消石灰，使其表面 pH 成为中性再播种。也可用 55℃ 温水浸种 30min 后，移入冷水中冷却再催芽。详细种子消毒方法参见第五章番茄育苗技术。

2）幼苗蘸根：番茄幼苗定植前可用 30% 噁霉灵可湿性粉剂 600～800 倍液蘸根，以防苗期死棵。

（2）育苗基质消毒 已消毒的育苗基质不需处理，育苗营养土则需播前消毒，具体方法参见第五章番茄育苗技术。

（3）棚室消毒 可用 45% 百菌清烟剂、霜脲·锰锌烟剂或噁霜·锰锌烟剂 250～350g/亩，傍晚闭棚后均匀点燃，次日早晨放风排烟以杀灭病菌，每 7～10 天熏烟 1 次，连熏 2～3 次。也可在闷棚后采用 10% 敌敌畏烟熏剂、15% 吡·敌畏、10% 灭蚜烟熏剂或 10% 氰戊菊酯等烟熏剂 300～500g/亩灭杀虫害，每 7～10 天熏烟 1 次，连熏 2～3 次。

（4）土壤处理 定植起垄前，对棚内土壤和棚面用 30% 噁霉灵可湿性粉剂 2000 倍液或 50% 多菌灵可湿性粉剂 500 倍液加辛硫磷乳油 800 倍液喷洒地表和棚面，进行杀菌灭虫。或者每亩穴施 50% 多菌灵 3～4kg，并与土拌匀。

（5）病虫害综合防治 番茄生育期间病虫害防治应坚持“预防为主，综合防治”的植保方针，具体方法参照第十二章番茄病虫害诊断与防治。

4. 生物防治

（1）天敌防虫 可利用有益天敌草蛉、丽蚜小蜂、捕食螨等防治多种虫害。

（2）选用抗重茬剂 番茄常用抗重茬剂有重茬 1 号、重茬 EB、重茬灵、抗击重茬、CM 亿安神力、泰宝抗茬宁及“沃益多”生物菌剂等。番茄常用抗重茬剂的作用特点与施用技术，见表 7-1。

表7-1　番茄常用抗重茬剂的作用特点与施用技术

名　称	剂　型	作用特点	施用方法
重茬1号	微生物菌剂，集氮、磷、钾、微量元素活化为一体	抑制病菌，抗病害；活化养分，营养全面；疏松土壤，改善土壤环境；促根壮苗，提质增产	①拌种：种子清水浸湿，捞出控干后，将药剂撒在种子上拌匀，阴干后播种。②药剂拌土或拌肥，均匀撒于种子沟或全田撒施。③灌根：药剂兑水稀释后，用喷雾器去喷嘴灌根或随水冲施
重茬EB	纯生物制剂	含多种有益微生物，可疏松土壤，活化养分；抑制有害病菌，抗重茬，提高作物免疫力，使番茄少发或不发重茬病	每亩用2kg与细土拌匀后撒施
重茬灵	生物叶面肥	内含多种有益活性菌群、脂类、糖类、抗生素及植物生长促进物质，兼有营养、抗病双重功效，一般增产30%	每亩用100mL兑水稀释成800～1000倍液叶面喷施，每7～15天喷1次，共喷2～4次。喷雾要均匀，以叶面有水滴为度
“沃益多”生物菌剂	纯生物制剂	产生多种活性酶类，可作用于根系刺激根系分泌抗生素等大量代谢物和次生代谢物；可有效干扰根结线虫、真菌和细菌等土传病虫、病菌的正常代谢；调节土壤pH趋中性；有利于土壤团粒结构形成和植物自身抗病能力的增强	施用前，用“沃益多”菌液加“沃益多”营养液激活3天，兑水稀释至30kg，加适量甲壳素诱导。苗期和花果期随水冲施或用喷雾器去喷嘴灌根
抗击重茬	含微量元素型多功能微生物菌剂	活化土壤，改良品质；抑菌灭菌，解毒促生；平衡施肥，提高肥效；增强抗逆，助长促产	可做种肥或追肥，每亩用量1～2kg

（续）

名　称	剂　型	作用特点	施用方法
泰宝抗茬宁	生物制剂	可杀菌抑菌，提高肥料利用率，调节土壤 pH，疏松土壤防板结，促进根系发育等	可用 0.25% 的药剂拌种、50∶1 土药混拌撒施或药剂 500 倍液灌根或冲施
CM 亿安神力	复合微生物制剂	可改善土壤理化性质，抑菌杀虫，提高作物光合作用等	①蘸根、浸种：用 100mL 亿安神力菌液加水 3L（30 倍稀释）逐株蘸根，即蘸即栽；浸种则需 2～8h。②药剂 500 倍液灌根

【注意】 番茄定植前的土壤消毒与施用生物抗重茬剂不宜同时进行，以免有害和有益微生物菌同时被灭杀，降低作用效果。

第八章
加工番茄的高效栽培技术

加工番茄含有丰富的蛋白质、碳水化合物、维生素、胡萝卜素、矿物盐和有机酸等，果实营养丰富，风味独特，可加工成番茄酱、番茄汁、番茄粉、整果罐藏等。其含有的维生素A原、维生素B、维生素C、维生素P及番茄红素等具有医疗保健价值，提取加工的经济效益显著。

我国加工番茄栽培主要集中在新疆，其加工番茄种植面积和产量约占全国90%以上。从全球角度来看，我国的加工番茄生产成本远低于欧美国家和世界平均水平，番茄红素含量等品质指标优于国外同类产品，因此近年来我国的加工番茄生产发展迅速，种植及加工规模已仅次于美国和欧盟，位于全球第三位，加工番茄制品已成为出口增收的重要农产品。加工番茄栽培区域也逐渐向内蒙古、甘肃、宁夏等地扩展，产业发展前景极为广阔。

第一节 加工番茄的生长特性及其对环境条件的要求

一 加工番茄的生长特性

加工番茄属普通栽培番茄中的一种类型，除具有普通栽培番茄的基本生物学特征外，还具有其自身特点。加工番茄植株高度为30～130cm，分枝数多，匍匐、直立或半直立生长，花期较集中，果实多为椭圆形，比普通栽培番茄略小，一般单果重为30～120g，果皮比普通栽培番茄厚，耐储藏运输。生产上需根据栽培品种特性与栽培目的进行搭架、整枝。

按照顶芽的生长习性，加工番茄可分为有限生长型（自封顶型）和无限生长型（非自封顶型）。有限生长型的基本特点是主茎长出5~7片真叶后形成第1花序，此后每隔1~2片叶着生1个花序，产生2~3个花序后顶芽分化为花芽，主茎封顶不再生长，为矮生有限生长型。主茎着生4个以上花序封顶的为高生有限生长型。有限生长型植株矮小、早熟，适合矮架密植或无支架栽培。无限生长型主茎长出7~9片真叶后形成第1花序，此后每隔3片叶着生1个花序，花序有规律地着生于茎的同一侧面，主茎不断生长不封顶。此类型植株高大、晚熟、高产，需支架栽培。

加工番茄的整个生长发育过程可分为发芽期、幼苗期、开花坐果期和结果期4个阶段。各个时期的生长发育特点如下。

1. 发芽期

从种子萌动到第1片真叶显露为发芽期。发芽适温为28~30℃，最低温度11℃，最高温度35℃。此期一般7天左右。

2. 幼苗期

从真叶显露到第1花序现蕾为幼苗期。春季低温季节幼苗期一般为40~50天，夏季高温季节为30天左右。此期营养生长与花芽分化同步进行，生产上应加强环境调控和水肥管理以促使苗壮、苗旺。

3. 开花结果期

从第1花序现蕾到坐果为开花结果期。此期是从以营养生长为主转为以生殖生长为主的过渡阶段，管理上应适当控制营养生长，促进第1花序坐果。

4. 结果期

从第1花序坐果到采收完毕为果实成熟期。此期以开花结果为主，是产量和品质形成的关键期，生产上应加强水肥管理以促进花果生长发育。此期植株生育适温为22~26℃，30~35℃的高温常引发植株停长或落花落果。不同品种从开花至果实成熟约需30~60天，果实发育适宜昼温为25℃，夜温为15℃，高于30℃时番茄红素形成受抑。果实成熟期可大体分为5个时期。

（1）**青熟期**　果实基本停长，果顶发白。

（2）**转色期**　果实顶部由绿白色转为浅粉色或浅黄色。

（3）**半熟期**　50%果面着色。

（4）**坚熟期**　果面完全着色，果肉较硬，含糖量较高。

（5）**完熟期**　果实完全着色，肉质变软。

二　加工番茄对环境条件的要求

1. 温度

加工番茄属喜温作物，生长发育期的（4～10月）适温为20～25℃，最高温度30℃，温度低于15℃时不能开花或授粉不良，生长发育期内需≥10℃积温在3000℃以上，无霜期150天，日照时数1100～1500h。加工番茄不同生长发育阶段适宜温度要求如表8-1所示。

表8-1　加工番茄不同生长发育阶段适宜温度

阶　段	昼温/℃	夜温/℃	说　明
发芽期	28～30	>20	最高温度35℃，不宜低于11℃，否则易造成烂种
苗期	24～28	15～18	低于10℃，生长缓慢；低于5℃时，植株停长，易发冷害；-1～2℃时发生冻害
开花坐果期	20～30	15～20	低于15℃，高于30℃时，花器发育异常，易造成落花落果
果实发育期	25～30	13～17	低于8℃，番茄红素形成受抑，果实不易转红；高于30℃，易落果，果实着色不佳

2. 水分

加工番茄属半耐旱作物，不耐湿涝，生长发育期内要求土壤相对湿度为60%～80%，空气相对湿度为40%～50%。番茄不同生长发育阶段适宜的水分指标，见表8-2。

3. 土壤与矿质营养

番茄对土壤通气条件要求严格，应选择土层深厚，有机质含量1.5%以上，含盐量0.3%以下，pH 6～6.5，保水保肥和通气性较好

表 8-2　加工番茄不同生长发育阶段适宜水分指标

阶　段	土壤相对湿度	空气相对湿度	说　明
发芽期	饱和	—	—
苗期	60%～70%	40%～50%	棚室通风降湿不及时，易引发病害
果实膨大期	85%～90%	45%～65%	土壤过旱可导致根系吸收障碍，引发落花、落果；土壤过湿，可导致植株徒长，也可引发落花、落果
盛果期	85%～90%	45%～65%	保持土壤湿润，避免忽干忽湿。采收前7～10天停止浇水

的微酸性壤土或中壤土为宜。沙性土壤施入充足的有机肥也可获得高产，一般选用小麦、玉米、绿肥、油葵等茬口进行种植为宜，避免与茄科作物重茬，否则病害严重，后期易早衰，提倡实行2～3年的轮作。

加工番茄吸收的矿质营养主要为氮、磷、钾等大量元素，硼、钙、铁等中微量元素同样是生长发育所必须。每生产1000kg加工番茄需吸收氮素2.8kg、磷素1.4kg和钾素5.6kg，上述指标可作为一定产量目标的施肥依据。

第二节　加工番茄的高产优质栽培技术

一　品种选择

根据市场需求选择熟性适宜、丰产潜力大的抗病、优质、耐储运、番茄红素和可溶性固形物含量高的优良杂交品种。如红杂系列、屯河系列、新番系列、黑格尔87-5、红玛瑙213等。

二　整地施肥

秋季前茬作物收获后及时清除地膜、打秆灭茬。秋耕可结合整地每亩施用充分腐熟的有机肥3000～5000kg、磷酸二铵20kg、尿素10kg和硫酸钾10kg或复合肥30～50kg、硫酸锌2～3kg，耕深以

30cm左右为宜。开春后及时耙磨保墒，整地要求“墒、平、松、碎、齐、净”。播种前2~3天，用72%金都尔乳油80~100mL/亩喷洒地面，防除杂草。

可采用开沟起垄双行栽培，垄背宽90cm，沟宽60cm，宽窄行栽培（图8-1），垄上窄行行距60cm，宽行行距90cm。早熟或生长势较弱的品种株距30~35cm，每亩保苗3000~3500株，中晚熟或生长势较强的品种株距40~45cm，每亩保苗2300~2500株。

图8-1　番茄宽窄行栽培

三　播种

1. 种子处理

播种前用75%百菌清粉剂拌种，用药量为种子质量的0.4%，包衣种子可不进行处理直接播种。

2. 适时播种

一般在当地终霜结束前10天，5~10cm地温稳定在12℃以上即可播种。每亩用种量50~80g，每穴4~5粒，播种深度1~2cm。播后及时覆盖宽幅120cm农膜，不覆膜栽培播后遇雨应及时破除板结。

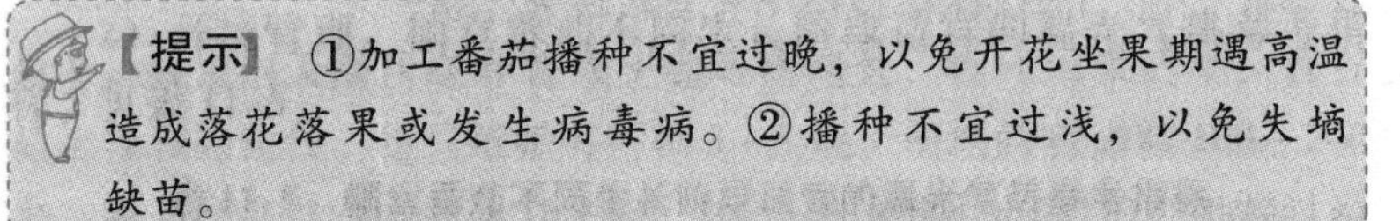

【提示】①加工番茄播种不宜过晚，以免开花坐果期遇高温造成落花落果或发生病毒病。②播种不宜过浅，以免失墒缺苗。

四　苗期管理

1. 间苗、定苗

直播后10天左右出齐苗，应及时放苗、封洞，防止跑墒和刮风伤膜及烫苗。幼苗长至2片真叶间苗1次，间除畸形、弱小、病虫、高脚苗，留健壮苗。在4~5片真叶时定苗，每穴选留1株健苗，地膜封土，以利于保墒护根。

【提示】 ①为防止苗期地下害虫为害，播种后可于沟内撒施毒饵诱杀。

2. 查苗、补苗

田间缺苗30%以上时应及时进行补苗，可利用间下的壮苗进行移栽补苗，栽后浇水稳苗，1~2天后再浇水1次，以保证移栽成活率。

3. 中耕松土、除草

中耕不仅可以提高地温，促进根系下扎，还能使土壤疏松，促使壮苗早发。第1次中耕应在播种后3天进行，可提早出苗1~2天，以后每隔7~10天中耕1次，中耕深度一次比一次浅，整个生长发育期可中耕3~4次，人工除草1~2次。最后1次中耕可结合开沟施肥进行，开沟深度20~25cm，起垄培土，有利于根系下扎，降低垄面湿度，防止烂果。

4. 蹲苗

植株开花坐果前应适当控制肥水，促使植株由营养生长向生殖生长转化，早现蕾、多现蕾、早开花。蹲苗时间要控制好，早熟或生长势较弱的品种蹲苗时间稍短，中晚熟或生长势较强的品种蹲苗时间稍长。待第1穗果实长至直径2.5cm左右（核桃大小）时结束蹲苗，结束蹲苗后第2水与第1水之间间隔视墒情尽量缩短。

5. 适时揭膜

加工番茄生长中后期雨水较多，为防止膜上积水，空气湿度过大，抑制病害，一般于6月上中旬，头水前进行揭膜。揭膜后可进行中耕、开沟培土等农事操作。

五 中期管理

1. 灌水

加工番茄喜水但不耐涝，一般苗期控制浇水，特别干旱时可浇1次促苗水（4~6叶期），之后至坐果初期不再灌水，挂果初期浇灌头水或第2水。之后浇水可看天、看地、看天气，根据不同生长发育期需水规律及植株长势浇水，浇水应坚持少量勤浇的原则，一般每6~8天灌溉1

次，第1穗果转红至采收前7天左右停止浇水，全生长发育期内约需灌水8~11次。浇水可采用沟灌或滴灌方法，避免水漫垄背引发病害。

2. 追肥

加工番茄整个生育期内可追肥2~3次。植株第1~2个花序开花时揭膜，揭膜后可结合开沟于第1穗果膨大至核桃大小时追施尿素20kg/亩、磷酸二铵10~16kg/亩和硫酸钾6~10kg/亩。第1穗果即将成熟，第2、3穗果膨大至核桃大小时进行第2次追肥，每亩追施尿素30kg/亩、磷酸二铵15~20kg/亩和硫酸钾10~15kg/亩。追肥方法可采用随水冲施或开沟掩肥、施后浇水的方法。

【提示】 加工番茄第1次追肥不宜过早或过晚，过早易引发植株徒长，导致落花落果；过晚则因养分不足，易造成坠秧。

结果盛期可结合病虫害防治，选择磷酸二氢钾、尿素、叶面硅肥等进行根外追肥，可防止植株后期脱肥早衰，具有较好的增产、提质效果（图8-2）。

图8-2 机械叶面追肥

3. 插架、绑蔓

当前加工番茄品种除了部分直立品种及西北、东北地区种植的罐藏品种外，均需插架和绑蔓。插架时间一般在第1次中耕之后土壤湿润时进行，新疆等风大地区一般在定植后立即插架。插架形式可采用单杆架、四角架、人字架和篱形架等，具体可根据当地习惯进行。插架后及时绑蔓，一般每一果穗绑一道。

4. 整枝、打杈和摘心

番茄整枝方式主要有单秆整枝、双秆整枝、改良单秆整枝及三秆、四秆整枝等。加工番茄多采用改良单秆整枝和三秆、四秆整枝方法。打杈一般在侧芽长至6~7cm时将其摘除为宜。早熟品种单秆整枝时可留2~3穗果摘心，晚熟品种单秆整枝时可留5穗果摘心，摘心时主茎顶端留 2 片叶给果实遮阴。

六 采收

春季露地栽培番茄第 1、2 穗果一般花后 45 ~ 50 天成熟，第 3、4 穗及以上果实一般 40 天左右成熟，可成熟一批采收一批。用于生产番茄酱、番茄汁、整果番茄等制品的果实宜在坚熟期采收。采收后及时分级、装箱。一般可采收 3 ~ 4 次，第 1 ~ 2 次采收后及时追加肥水，促后期产量形成。

【注意】 ①采收前不宜灌水。②成熟时严禁翻秧，避免日灼果。③剔除病果、虫果、烂果、青肩果、裂果、黑斑果及直径小于 3cm 的果实。④晚播地块不能正常红熟的番茄，可果面喷洒乙烯利水剂 800 倍液催熟。

第九章

番茄的轮作和套作技术

番茄常年连作易导致枯萎病、根结线虫等土传病虫害多发，生产损失较大。因此，在不降低生产效益的前提下，各地应根据本地实际探索采用适宜的轮作和套作模式，以保障番茄生产的健康发展。本章总结了各地采用的番茄与其他作物典型的轮作和套作模式，以供种植者参考。

第一节　番茄常见的轮作模式及其技术要点

一　各地常用的番茄轮作模式

（1）南方大葱、越夏番茄轮作模式　8 月中下旬大葱秋播育苗，第二年 5 月下旬 ~6 月上旬收获大葱。4 月下旬 ~5 月上旬番茄播种，5 月下旬 ~6 月上旬定植，初秋采收。

（2）大棚越冬西芹、越夏番茄轮作模式　西芹播种时间为 8 月下旬，苗龄 60 天左右，育苗期间采用“2 网 1 膜”覆盖，即遮阳网、防虫网和塑料薄膜，防止暴雨后暴晒和高温。10 月下旬定植，株行距为 25cm×25cm，亩栽 8000 ~ 10000 株。3 月下旬 ~ 4 月初为收获期。大棚越夏番茄播种时间为 3 月中旬，苗龄 30 ~ 40 天，4 月中下旬定植于大棚，行株距为 90cm × 35cm，亩密度控制在 1800 ~ 2000 株。6 月中旬开始采收，采收期可延续到 10 月，棚内生长时间 160 ~ 170 天，整个生长期几乎都处于高温季节。

（3）南方大棚番茄、草菇轮作模式　番茄 10 月中下旬营养钵育苗，1 月中下旬定植，7 月上旬拉秧。草菇 6 月中下旬选用棉籽壳培养料，室外发酵 7 天左右。将发酵料平铺在棚内的畦床内，料温控制在 35℃左右，一般 5 ~7 天即可现蕾，播种后 10 ~ 12 天即可采收。8 月中下旬生产结束。

（4）日光温室黄瓜、番茄轮作模式 黄瓜 8 月上旬育苗，9 月中旬定植，10 月中旬 ~ 12 月下旬采收；番茄 10 月中旬育苗，12 月下旬定植，第二年 4 ~6 月采收。

（5）南方大棚番茄、水稻轮作模式 番茄于 10 月上旬在大棚内营养钵或基质穴盘育苗，12 月中下旬定植，采用多层覆盖措施，4 月上旬开始采收，6 月初采收完毕。

（6）南方水稻、芹菜、番茄轮作模式 水稻于 5 月 20 日前后播种育秧，6 月 10 日前后移栽，10 月中旬收获。芹菜于 9 月初播种育苗，10 月底定植，第二年 2 月上旬收获结束。番茄于 11 月上中旬播种育苗，12 月上旬分苗，第二年 2 月底定植到大棚内，6 月上旬收获结束。

二 南方大葱、番茄轮作技术要点

1. 大葱栽培技术要点（前作）

（1）品种选择 大葱种植的品种应以当地市场需求为导向，选择与当地生态型相适应的品种。如章丘大葱、二生子、中华巨葱、鸡腿葱、日本大葱等。

（2）培育壮苗 大葱苗床或定植田均宜选择地势平坦、耕层深厚、土质疏松肥沃、易于排灌的地块，茬口以选择 3 年内未种植葱蒜类作物的地块为佳。整地做畦，施足基肥。8 月下旬 ~9 月上旬播种，条播或撒播均可。播种后保持畦面湿润，出苗后适当控制肥水，以防葱苗徒长，开春先期抽薹。育苗中后期加强肥水管理，及时防除杂草。

（3）定植 3 月初土壤化冻后定植。结合整地每亩施入农家肥 2500 ~ 3000kg、复合肥 50kg。定植行距 20cm，定植沟深 20 ~ 25cm，株距 5cm。定植前 1 ~2 天浇小水 1 次，待干湿度适宜时起苗。分级后切叶定植，定植方法采用干插法和湿插法均可。

（4）田间管理

1）肥水管理。定植时浇透定根水，3 ~5 天后根据实际墒情再浇

1 次缓苗水。生长盛期追施肥水 3 ~ 4 次，以速效氮肥或沼液肥为佳。

2）培土和中耕除草。定植后培土 2 ~ 3 次，第 1 次结合中耕浅培土，第 2 次培平定植沟，第 3 次变垄为沟软化葱白，每次培土以不埋住心叶为准，并结合培土拔出杂草。

3）病虫害防治。大葱生育期内的病害主要有霜霉病、紫斑病、软腐病、病毒病等，虫害主要有蛴螬、甜菜夜蛾、蓟马等，应采用农业措施与药剂防治相结合的方法及早防治。

4）采收。6 月中旬大葱长至 35 ~ 40cm 高、假茎粗 1. 8 ~ 2. 2cm 时可收获上市。

2. 番茄栽培技术（后作）

1）品种选择。根据当地市场需求确定适宜品种。

2）适期播种。4 月下旬 ~ 5 月上旬播种。

3）培育壮苗。采用冷床育苗、育苗移栽的方法。具体育苗方法参考第五章第一节番茄常规育苗技术。

4）定植。苗龄 40 ~ 50 天，5 月下旬 ~ 6 月上旬定植。定植行距 70cm，株距 50cm。采用高畦窄厢栽培，厢面呈瓦背形，13cm 左右开厢（带沟），畦高 20 ~ 25cm，沟宽 30cm。结合整地每亩施腐熟有机肥 3000 ~ 4000kg、复合肥 30 ~ 40kg、过磷酸钙 50kg 和硫酸钾 30kg。

5）田间管理。

① 肥水管理。定植时浇定根水，缓苗期视墒情浇缓苗水 1 次，缓苗后追施提苗肥 1 次，每株浇清粪水 0. 25kg。之后可根据土壤肥力、生育期长短、植株长势等合理追肥。一般第 1 穗果坐住后每亩追施复合肥 20kg，结合培土上厢。结果盛期可追施沼液肥 2 ~ 3 次，每 10 天 1 次，必要时结合浇水冲施复合肥 20 ~ 30kg/亩。并可叶面喷施 0. 3% 磷酸二氢钾溶液 2 ~ 3 次，每 7 ~ 10 天 1 次。

② 植株调整。植株高 30cm 时开始搭架、绑蔓，采用单秆或双秆整枝。根据品种特性疏花疏果，生育后期及时摘除老、病、黄叶。

③ 适时采收。采收标准为新鲜不软、成熟适中、圆整光滑等。

④ 病虫害防治参考第十二章番茄病虫害诊断与防治。

第二节　番茄常见的套作模式及其技术要点

番茄套作主要是利用了番茄根系发达，高秆喜光的特性，与部分矮秆、浅根系、相对耐阴的作物套作栽培可有效利用地上地下空间，从而达到增产增效的生产目的。

一　各地常用的番茄套作模式

（1）北方露地小架番茄、大白菜套作模式　露地番茄3月中下旬育苗，5月上中旬定植，7月中下旬~8月上旬在行间点播大白菜，8月中下旬番茄拉秧，10月中旬收获大白菜。

（2）大棚韭菜、春番茄套作模式　番茄1月中、下旬播种，采用温床育苗，苗龄70~80天，3月下旬定植，采收3穗果后拉秧。韭菜3月上、中旬土壤耕作层解冻后直播或播种育苗，6月下旬~7月中旬定植于番茄行间。

（3）温室番茄、苦瓜套作模式　番茄2月上旬定植，定植行距1m，株距0.45m，苦瓜3月初定植，株距1.2m。每种6行番茄套作2行苦瓜。

（4）温室草莓、番茄套作模式　草莓在8月下旬移栽，11中旬开始采收，番茄3月上旬采用阳畦育苗，4月下旬~5月初定植，6月中旬开始采收，7月上旬净地。草莓定植畦南北走向，畦高23~25cm、宽80cm，沟宽30cm，定植时每畦定植两行，株距为15cm，每亩定植8000株左右。番茄则于高畦草莓植株之间以35~38cm挖穴定植。草莓与番茄共生期一般同年为20~30天。

此外，各地还有番茄套作冬瓜，番茄套作水稻，大棚番茄套作大蒜，棚室番茄套作平菇、双孢菇及温室番茄、苦瓜、木耳菜立体套作，水稻、菜心、番茄轮套作等高效栽培模式。

二　番茄套作平菇技术要点

棚室秋冬茬番茄与中、低温型平菇套种，可于春节前后上市，栽培效益显著。种植番茄宜选择早熟、抗逆性强、果大、高产、皮厚的无限生长型品种，如中蔬4号、鲁粉3号等。番茄管理按常规模式进行，但需在番茄田里预留放平菇菌棒的沟。8月中旬进行番茄

育苗，9月下旬移栽。平菇要选择中、低温型品种，9月下旬配料装袋，发满菌后转移至番茄行间覆土，11月份平菇陆续上市，第二年1月采收结束。制作平菇的培养料可根据各地的实际情况选择，组合培养料比单一培养料要好，发酵料比生料要好。

1. 番茄栽培要点

（1）整地、施肥 结合整地每亩施优质腐熟有机肥3000kg、尿素50kg、硫酸钾50kg或复合肥50kg，深翻细耙，9月中旬扣膜。

（2）定植 可选择阴天或傍晚定植，定植前1天对苗床灌大水，以便切坨起苗。大小行种植，大行距0.8m、小行距0.5m，株距0.3m，每亩留苗3000株左右。平菇套种于大行内。

（3）田间管理 定植初期在温室上面进行遮阳，以减弱光照强度，降低温度，利于缓苗。番茄秋冬茬栽培生育前期外界气温降到15℃以下时，只白天通风，夜间盖严薄膜。室内夜温低于10℃时，夜间覆盖草苫进行保温。随着外界气温下降，逐渐减少通风量和缩短通风时间，最后密闭昼夜不通风。

（4）病虫防治 参考第十二章番茄病虫害诊断与防治。

（5）采收、储存 参考第六章番茄露地高效栽培与采后保鲜技术。

2. 平菇栽培要点

（1）配料接种 可用新鲜的玉米芯作为培养料，粉碎成粒（粒径5mm以下）并加入8%麦麸、1%石膏、1%复合肥、4%石灰、0.2%多菌灵，调整含水量为70%左右，pH 9.0左右，建堆发酵7天。期间定时翻堆，保持含水量65%左右，pH为7.0左右。培养料发酵完后，将栽培袋装料、接种。

（2）开沟整畦 在番茄田的大行中间开宽0.4m、深0.2m的栽培沟，沟底整平浇水，在畦底撒石灰粉进行消毒备用。

（3）管理 按平菇的常规管理方式进行管理，待菌袋长满后移入番茄田中预留的沟内，覆土2cm后浇1次大水，10天左右出头潮菇。头潮菇采收后，去掉老化菌膜，此时正是番茄旺长期，可为平菇培养料追施肥1次，为下一次出菇作准备。从第1次出菇到出菇结束大约可出4~5潮菇，历时50天左右平菇生产结束，栽培废料可翻耕入大田作肥料，为下茬所利用。

第十章
有机番茄栽培技术

随着生活水平的提高，人们对农产品质量安全和农业产区的生态环境健康问题日益关注。有机农业经过几十年的发展和生产实践因顺应改善农业生态环境、生产优质无污染的有机食品的世界潮流而日益受到重视。有机农产品正在成为人们的消费时尚，发展有机农业是解决食品安全问题的有效途径之一，市场应用前景广阔。

有机农产品是根据有机农业原则和有机农产品生产方式及标准生产，并通过有机食品认证机构认证的农产品，属纯天然、无污染、安全营养的食品，也称“生态食品”。有机番茄生产是按照有机农产品的生产环境、质量要求和生产技术规范进行的，以保证无污染、富营养和高质量的特点。在番茄有机生产的整个过程中禁止使用化学农药、化肥、植物生长调节剂等人工合成物质，不使用基因工程技术产品；在生产和流通过程中有完善的跟踪审查体系和完整的生产和销售记录档案，还必须经过独立的有机食品认证机构的认证审查和全过程的质量控制。

采用严格、高效的有机蔬菜栽培技术生产优质、高产、无污染的番茄产品对于满足人们的生活需求，提升番茄产值和效益具有积极作用。有机番茄生产的难点是在不施用化肥和化学合成农药的前提下获得高产和优质，因此在实际生产中应采取综合管理措施方能达到预期效果。

第一节 有机番茄生产的定义和生产标准

一 定义

有机番茄生产技术是指遵循可持续发展的原则，严格按照《欧共体有机农业条例2092/91》进行多次生产、采收、运输、销售，不使用化学农药、化肥、植物生长调节剂等，按照农业科学和生态学原理，维持稳定的农业生态体系的技术。中国有机产品标志，见图10-1。

图10-1 中国有机产品标志

二 生产基地环境要求和标准

1. 基地建立

① 基地选择标准。根据国家最新有机产品标准规定，有机番茄生产基地应选择空气清新、土壤有机质含量高、有良好植被覆盖的优良生态环境，避开疫病区，远离城区、工矿区、交通主干线、工业、生活垃圾场、重金属及农药残留污染等污染源。要求选择地势高燥、易排水、土层深厚肥沃，有效土层达60cm以上，土壤排水通气性能良好，有益微生物活性强，有机质含量大于15g/kg的生产土壤。基地土壤环境质量须符合二级标准，农田灌溉水质符合V类标准，环境空气质量标准要求达到二级标准，大气污染物浓度须低于保护农作物的大气污染物最高准许浓度。

② 确立转换期。有机番茄生产转换期一般为3年。新开荒、撂荒或有充分数据说明多年未使用禁用物质的地块也至少需1年转换期。转换期的开始时间从向认证机构申请认证之日起计算，转换期内必须完全按照有机生产要求操作，转换期结束后须经认证机构检测达标后方能转入有机番茄生产。

有机番茄生产基地须具备一定的规模，一般种植面积不小于150亩。生产基地的土地应是完整地块，其间不能夹有进行常规生产的地块，但允许夹有有机转换地块，且与常规生产地块交界处须界限明显，如河流、沟渠等。

【注意】 如果有机番茄生产基地中有的边缘地块有可能受到邻近常规地块污染的影响，则必须在有机和常规地块之间设置10m左右的缓冲带或物理障碍物，以保证有机地块不受污染。

③ 合理轮作。棚室番茄忌连作，其有机生产基地应避免与瓜类作物连作，宜与禾本科、豆科作物或绿肥等轮作换茬。如棚室越夏茬口可安排种植甜玉米、糯玉米等，也可获得较好收益。前茬收获后，应彻底清理田间环境，清除田间病残体，集中销毁或深埋，减少病虫基数。

2. 相关标准

棚室番茄有机栽培的土壤环境质量标准、农田灌溉水标准、GB 3095—2012 大气中各项污染物的浓度限值，见表10-1、表10-2和表10-3。

表10-1 土壤环境质量标准值 （单位：mg/kg）

级别	一级	二级			三级
土壤 pH	自然背景	<6.5	6.5~7.5	>7.5	>6.5
项目					
镉 ≤	0.20	0.30	0.60	1.0	
汞 ≤	0.15	0.30	0.50	1.0	1.5
砷 水田 ≤	15	30	25	20	30
砷 旱地 ≤	15	40	30	25	40
铜 农田 ≤	35	50	100	100	400
铜 果园 ≤	—	150	200	200	400
铅 ≤	35	250	300	350	500
铬 水田 ≤	90	250	300	350	400
铬 旱地 ≤	90	150	200	250	300
锌 ≤	100	200	250	300	500

（续）

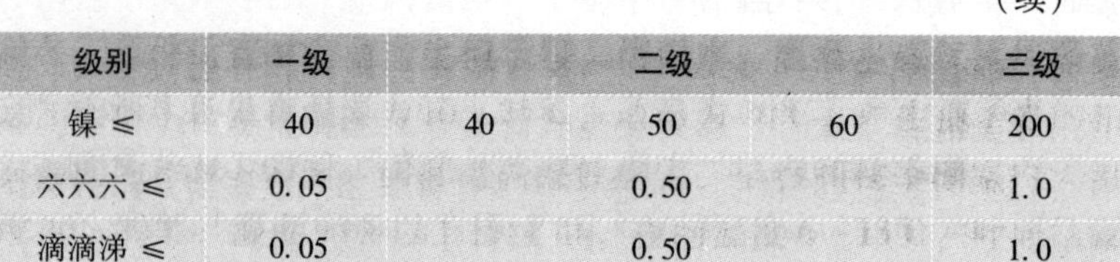

级别	一级		二级		三级
镍 ≤	40	40	50	60	200
六六六 ≤	0.05		0.50		1.0
滴滴涕 ≤	0.05		0.50		1.0

注：① 重金属（铬主要是三价）和砷均按元素量计，适用于阳离子交换量 >5cmol(+)/kg 的土壤，若阳离子交换量≤5cmol(+)/kg，其标准值为表内数值的半数。

② 六六六为四种异构体总量，滴滴涕为四种衍生物总量。

③ 水旱轮作地的土壤环境质量标准，砷采用水田值，铬采用旱地值。

表 10-2　农田灌溉水质标准

序号	项　目	水　作	旱　作	蔬　菜
1	生化需氧量/(mg/L)≤	80	150	80
2	化学需氧量/(mg/L)≤	200	300	150
3	悬浮物/(mg/L)≤	150	200	100
4	阴离子表面活性剂/(mg/L)≤	5.0	8.0	5.0
5	凯氏氮≤	12	30	30
6	总磷(以 P 计)/(mg/L)≤	5.0	10	10
7	水温/℃≤	35	35	35
8	pH	5.5~8.5	5.5~8.5	5.5~8.5
9	全盐量/(mg/L)≤	1000（非盐碱土地区）；2000（盐碱土地区）；有条件的地区可以适当放宽	1000（非盐碱土地区）；2000（盐碱土地区）；有条件的地区可以适当放宽	1000（非盐碱土地区）；2000（盐碱土地区）；有条件的地区可以适当放宽
10	氯化物/(mg/L)≤	250	250	250
11	硫化物/(mg/L)≤	1.0	1.0	1.0

（续）

序号	项　　目	水　作	旱　作	蔬　菜
12	总汞/(mg/L)≤	0.001	0.001	0.001
13	总镉/(mg/L)≤	0.005	0.005	0.005
14	总砷/(mg/L)≤	0.05	0.1	0.05
15	铬(六价)/(mg/L)≤	0.1	0.1	0.1
16	总铅/(mg/L)≤	0.1	0.1	0.1
17	总铜/(mg/L)≤	1.0	1.0	1.0
18	总锌/(mg/L)≤	2.0	2.0	2.0
19	总硒/(mg/L)≤	0.02	0.02	0.02
20	氟化物/(mg/L)≤	2.0（高氟区）；3.0（一般地区）	2.0（高氟区）；3.0（一般地区）	2.0（高氟区）；3.0（一般地区）
21	氰化物/(mg/L)≤	0.5	0.5	0.5
22	石油类/(mg/L)≤	5.0	10	1.0
23	挥发酚/(mg/L)≤	1.0	1.0	1.0
24	苯/(mg/L)≤	2.5	2.5	2.5
25	三氯乙醛/(mg/L)≤	1.0	0.5	0.5
26	丙烯醛/(mg/L)≤	0.5	0.5	0.5
27	硼/(mg/L)≤	1.0（对硼敏感作物，如马铃薯、笋瓜、韭菜、洋葱、柑橘等）；2.0（对硼耐受性作物，如小麦、玉米、青椒、小白菜、葱等）；3.0（对硼耐受性强的作物，如水稻、萝卜、油菜、甘蓝等）	1.0（对硼敏感作物，如马铃薯、笋瓜、韭菜、洋葱、柑橘等）；2.0（对硼耐受性作物，如小麦、玉米、青椒、小白菜、葱等）；3.0（对硼耐受性强的作物，如水稻、萝卜、油菜、甘蓝等）	1.0（对硼敏感作物，如马铃薯、笋瓜、韭菜、洋葱、柑橘等）；2.0（对硼耐受性作物，如小麦、玉米、青椒、小白菜、葱等）；3.0（对硼耐受性强的作物，如水稻、萝卜、油菜、甘蓝等）
28	粪大肠菌群数/(个/L)≤	10000	10000	10000
29	蛔虫卵数/(个/L)≤	2	2	2

表 10-3　GB 3095—2012 大气中各项污染物的浓度限值

污染物名称	平均时间	浓度限值		浓度单位
		一级	二级	
二氧化硫	年平均	60	60	μg/m³
	24h 平均	50	150	
	1h 平均	150	50	
二氧化氮	年平均	40	40	
	24h 平均	80	80	
	1h 平均	200	2000	
一氧化碳	24h 平均	4	4	mg/m³
	1h 平均	10	10	
臭氧	日最大 8h 平均	100	160	μg/m³
	1h 平均	160	200	
颗粒物（粒径≤10μm）	年平均	40	70	
	24h 平均	50	150	
颗粒物（粒径≤2.5μm）	年平均	15	35	
	24h 平均	35	75	
总悬浮颗粒物	年平均	80	200	
	24h 平均	120	300	
氮氧化物	年平均	50	50	
	24h 平均	100	100	
	1h 平均	250	250	
铅	年平均	0.5	0.5	
	季平均	1	1	
苯并芘	年平均	0.001	0.001	
	24h 平均	0.0025	0.0025	

3. 设置缓冲带

有机番茄生产基地与传统生产地块相邻时需在基地周围种植 8 ~ 10m 宽的高秆作物、乔木或设置物理障碍物作为缓冲带，以保证有

机番茄种植区不受污染和防止临近常规地块施用的化学物质的漂移。

4. 棚室清洁与基地生态保护

棚室有机番茄生产过程中，要求不造成环境污染和生态破坏。所以在每茬番茄和作物收获后都要及时清理植株残体，彻底打扫、清洁基地，将病残体全部运出基地外销毁或深埋，以减少病虫害基数。将茎蔓收集到沼气池进行发酵处理，沼渣和沼液分别作为有机肥和冲施肥施用，使茎蔓等农业有机物100%被循环利用。农膜等不能降解的废弃物要100%回收并加以利用。此外，在栽培过程中，要及时清除落蕾、落花、落叶、落果、整枝剪下的枝蔓及病虫株、病残株和杂草，消除病虫害的中间寄主和侵染源等。

三 品种（种子）选择

禁止使用转基因或含转基因成分的种子，禁止使用经有机禁用物质和方法处理的种子或种苗，种子处理剂应符合 GB/T 19630 要求。应选择适应当地土壤和气候条件，抗病虫能力较强的番茄品种。

【禁忌】 有机番茄生产应选择经认证的有机种子、种苗或选用未经禁用物质处理的种苗。目前包衣剂处理种子不宜选用。

四 有机番茄施肥技术原则

有机番茄不论育苗还是田间生产期间水肥管理均应按照有机蔬菜生产标准进行，基本要点如下。

（1）肥料 禁用化肥，可施用的肥料有：有机肥料，如粪肥、饼肥、沼肥、沤制肥等；矿物肥，包括钾矿粉、磷矿粉、氯化钙等；有机认证机构认证的有机专用肥或部分微生物肥料，如具有固氮、解磷、解钾作用的根瘤菌、芽孢杆菌、光合细菌和溶磷菌等，通过有益菌的活动来加速养分释放，促进番茄对养分的有效利用。

（2）施用方法

① 施肥量。一般每亩有机番茄底肥可施用有机粪肥 8000～10000kg，追施专用有机肥或饼肥 100～200kg。动、植物肥料用量比例以 1∶1 为宜。

② 重施底肥。结合整地施底肥占总肥量的80%。

③ 巧施追肥。追肥可采用穴施后浇水或随水冲施的方法。

【提示】 有机肥在施用前2个月需进行无害化处理，可将肥料泼水拌湿、堆积、覆盖塑料膜，使其充分发酵腐熟。发酵期堆内温度高达60℃以上，可有效地杀灭农家肥中的病虫，且处理后的肥料易被番茄吸收利用。

(3) 有机番茄病虫草害防治技术 应坚持“预防为主，综合防治”的植保原则，通过选用抗、耐病品种，合理轮作，嫁接育苗，合理调控棚室温、光、湿和土肥水等农艺措施及物理防治和天敌生物防治等技术方法进行棚室有机番茄病虫草害防治。生产过程中禁用化学合成农药、除草剂、生长调节剂和基因工程技术生产产品等。有机番茄病虫草害防治技术原则如下。

1）病害防治。

① 可用药剂：石灰、硫黄、波尔多液、石硫合剂、高锰酸钾等，可防治多种病害。

② 限制施用药剂：主要为铜制剂，如氢氧化铜、氧化亚铜、硫酸铜等，可用于真菌、细菌性病害防治。

③ 允许选用软皂、植保101、植保102、植保103等植物制剂及醋等物质抑制真菌病害。

④ 允许选用微生物及其发酵产品防治番茄病害。

2）虫害防治。

① 提倡通过释放捕食性天敌，如七星瓢虫、捕食螨、赤眼蜂、丽蚜小蜂等防治虫害。

② 允许使用苦参碱、绿帝乳油等植物源杀虫剂和鱼腥草、薄荷、艾菊、大蒜、苦楝等植物提取剂防虫。如可用苦楝油2000~3000倍液防治潜叶蝇，用艾菊（30g/L）防治蚜虫和螨虫，用葱蒜混合液和大蒜浸出液预防病虫害的发生等。

③ 可以在诱捕器、散发皿中使用性诱剂，允许使用视觉性（如黄板、蓝板）和物理性捕虫设施（如黑光灯、防虫网等）。

④ 可以有限制地使用鱼藤酮、植物源除虫菊酯、乳化植物油和

硅藻土杀虫。

⑤ 可以有限制地使用微生物制剂，如杀螟杆菌、Bt 制剂等。

3）防除杂草。禁止使用基因工程技术产品或化学除草剂除草；提倡地膜覆盖、秸秆覆盖防草和人工、机械除草。

第二节 棚室有机番茄的栽培管理

根据当地的实际情况制订可行的有机番茄生产操作规程，强化栽培管理，建立详细的栽培技术档案，对整个生产过程进行详细记载，并妥善保存，以备查阅。建立完整的质量跟踪审查体系，并严格按照国家环境保护部颁布的《有机食品技术规范》（HJ/T 80—2001）组织生产。通过培育壮苗、嫁接育苗、合理土肥水管理及病虫害防治等技术实现棚室有机番茄的高产高效栽培。

一 茬口安排

棚室有机番茄茬口一般可选择早春茬、冬春茬、秋延迟等高效茬口，各地可根据实际设施条件确定播种期。

二 培育壮苗

选用有机认证种子或未经禁用物质处理的常规种子。有机番茄种子播种前应进行土壤（基质）、棚室和种子消毒。

选用物理方法或天然物质进行土壤和棚室消毒。土壤消毒方法是在地面喷施或撒施 3 ~5 度石硫合剂、晶体石硫合剂 100 倍液、生石灰 2. 5kg/亩、高锰酸钾 100 倍液或木醋液 50 倍液。苗床消毒可在播前 3 ~5 天地面喷施木醋液 50 倍液或用硫黄（0. 5kg/m^2）与基质、土壤混合，然后覆盖农膜密封。棚室则可提前采用灌水、闷棚等物理方法结合硫黄熏烟等药剂方法进行消毒，防治病虫。

【禁忌】 苗床覆盖农膜禁用含氯农膜，生产上应予以注意。

种子消毒技术主要有晒种、温汤浸种、干热消毒和药剂消毒。药剂消毒方法为：采用天然物质消毒，可用高锰酸钾 200 倍液浸种

2h、木醋液200倍液浸种3h、石灰水100倍液浸种1h或硫酸铜100倍液浸种1h。药剂消毒后55℃温汤浸种4h。

连作棚室或地块宜采用嫁接育苗。其他苗床管理可参考第五章番茄育苗技术，但应注意禁用化学合成农药和化肥。

三 田间管理技术要点

（1）棚室有机番茄肥水管理技术要点 定植前施足底肥，可结合整地每亩施入有机肥5000～8000kg、矿物磷肥30～50kg、矿物钾肥30～50kg。缓苗后浇小水1次。露地栽培在第1穗果开始膨大时可随水追施专用有机肥150～200kg/亩、沼液200～400kg/亩或施饼50～100kg/亩、沼渣200～400kg/亩（沼肥生产设施如图10-2、图10-3所示）。第1穗果绿熟后随水追施生物菌肥50～100kg/亩、沼液肥400～500kg/亩和矿物钾肥20～30kg/亩。果实膨大后期可每7～10天叶面喷施光合微肥，防止植株早衰。

图10-2 沼液过滤装置

图10-3 沼渣发酵池

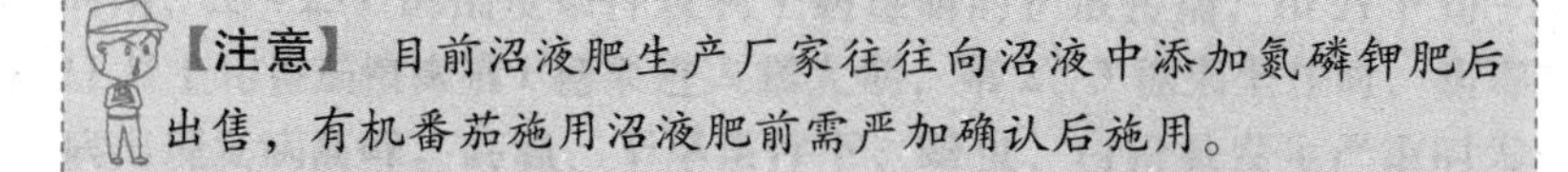

【注意】 目前沼液肥生产厂家往往向沼液中添加氮磷钾肥后出售，有机番茄施用沼液肥前需严加确认后施用。

（2）棚室有机番茄病虫害防治技术要点 有机番茄病虫害防治应以农业措施、物理防治、生物防治为主，化学防治为辅，实行无害化综合防治措施。药剂防治必须符合GB/T 19630要求，杜绝使用禁用农药，严格控制农药用量和安全间隔期。

棚室有机番茄常见病虫害防治方法如下：

① 猝倒病。进行种子、床土消毒。发病初期用大蒜汁 250 倍液、25% 络氨铜水剂 500 倍液或井冈霉素 1000 倍液防治，兑水喷雾，每 7 天左右防治 1 次。

② 灰霉病。发病初期叶面喷施 2% 春雷霉素 500 倍液、1/10000 硅酸钾溶液、80% 碱式硫酸铜可湿性粉剂 800 倍液或 25% 络氨铜水剂 500 倍液，每 10 天左右防治 1 次。

③ 疫病。发病初期叶面喷施大蒜汁 250 倍液、25% 络氨铜水剂 500 倍液、5% 井冈霉素水剂 1000 倍液、80% 碱式硫酸铜可湿性粉剂 800 倍液或 46.1% 氢氧化铜可湿性粉剂 1500 倍液（可杀得 3000），每 7～10 天防治1 次，连续 2～3 次。

④ 霜霉病、白粉病。发病初期叶面喷施 2% 武夷菌素水剂、0.5% 大黄素甲醚水剂（卫保）、枯草芽孢杆菌（依天德）等生物农药或 47% 春雷·王铜 WP（加瑞农）可溶性粉剂、46.1% 氢氧化铜可湿性粉剂等矿物农药防治，每 7～10 天防治 1 次。

⑤ 软腐病。发病初期可用 72% 农用链霉素可湿性粉剂 4000 倍液或 46.1% 氢氧化铜 1500 可湿性粉剂倍液灌根。

⑥ 蚜虫、蓟马、白粉虱、叶螨及夜蛾类害虫。棚室栽培可加装防虫网；其他物理和生物措施有：设置黄色、蓝色黏虫板；黑光灯或频振式杀虫灯诱杀成虫；田间释放白粉虱天敌丽蚜小蜂、叶螨天敌捕食螨、蚜虫天敌瓢虫或草蛉等进行防治（图 10-4～图 10-7）。

图 10-4　控制叶螨的捕食螨

图 10-5　防治蓟马的蓝板

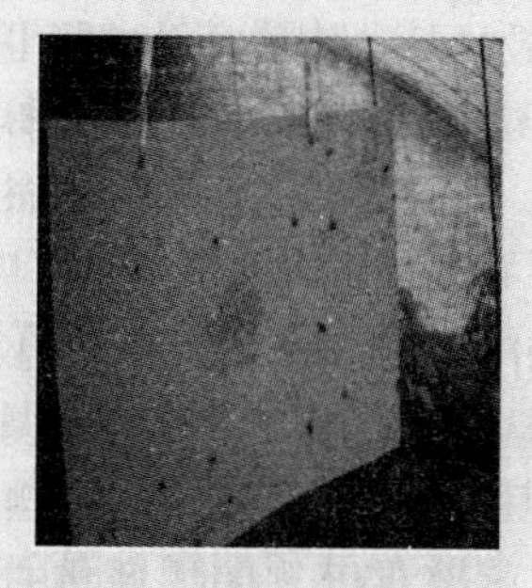

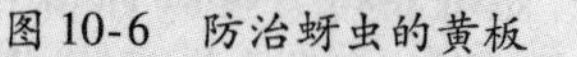

图 10-6　防治蚜虫的黄板　　　图 10-7　防治白粉虱的丽蚜小蜂

【药剂防治方法】　为害初期可喷施苦参碱乳油 1000～1500 倍液、5%天然除虫菊素乳油 800～1000 倍液、生物肥皂 1000 倍液、0.5%印楝素乳油 1000～1500 倍液等防治。

【提示】　有机番茄病虫害防治允许使用的生物农药主要包括：①抗生素类杀虫剂：阿维菌素类；②细菌类杀虫剂：苏云金杆菌、Bt 制剂类；③植物源杀虫剂：苦参碱、鱼藤酮及银杏叶、黄杜鹃花、川楝素、辣蓼草等植物提取物质等。

（3）有机番茄的保花保果措施　不论露地栽培还是棚室栽培有机番茄，保花保果措施除了创造有利于番茄生长发育的环境条件及协调生殖生长和营养生长的关系外，可在田间放养熊蜂或蜜蜂授粉促进坐果。熊蜂授粉效率优于蜜蜂，产品口感品质较优，生产上可予以推广。

【禁忌】　虽然采用熊蜂、震动等自然授粉的番茄膨果速度或单果重一般要低于调节剂处理，但有机番茄生产严禁使用 2,4-D 或番茄灵等化学合成的植物生长调节剂蘸花、抹花或喷花，生产上应予注意。自然授粉番茄品质较优，适用于有机生产。

第十一章 棚室番茄水肥一体化和无土栽培技术

第一节 棚室番茄水肥一体化滴灌技术

1. 水肥一体化的概念

水肥一体化滴灌技术又称为"水肥耦合""随水施肥""灌溉施肥"等，是将水溶性肥料配成肥液注入低压灌水管路，并通过地膜下铺设的微喷带均匀、准确地输送到作物根际，肥、水可均匀地浸润地表25cm左右或更深，保证了根系对水分和养分的快速吸收，能针对蔬菜的生育进程和需肥特性实施配方肥料，是一种科学的灌溉施肥模式。

2. 水肥一体化的特点

水肥一体化滴灌技术实现了水肥的耦合，有利于提高水分、肥料的利用效率，通过灌溉进行精准施肥，可避免肥料淋失对地下水造成的污染。棚室番茄滴灌还可降低大棚内相对湿度从而起到降低病虫害的发生率、提高早春茬地温0.5～2℃的栽培效果，在很大程度上能够实现节水节肥、省时省工、增产增收的生产目标。因此，近年来尤其在棚室蔬菜产区得到了广泛推广。

但目前水肥一体化技术在实际生产中存在一些问题，限制了它的推广与应用。主要问题有滴灌系统设计安装不合理不配套，灌水施肥随意性大，滴灌不均匀，滴灌带易爆裂，滴孔易堵塞，一次性投资较大等。这些问题不仅影响正常的施肥灌水效果，而且还会影

响设备的使用寿命，导致成本的增加，在一定程度上制约了该项技术的推广应用。

3. 滴灌设备的选择与安装

简易软管滴灌系统　软管滴灌系统是成本较低的一种滴灌系统，由供水肥装置、供水管和滴水软壁管组成（图11-1）。

图11-1　软管滴灌系统

（1）供水肥装置　包括1.5kW水泵、化肥池、控制仪表等，可保持入棚压力0.12~0.15MPa。取水泵口用1~2层防虫网包裹过滤，滤去大于25目的泥沙颗粒及纤维物等。该装置的作用是抽水、施肥、过滤，并将一定数量的水送入干管。

（2）供水管　包括干管、支管及必要的调节设备（如压力表、闸阀、流量调节器等）。供水管黑色，干管直径7cm，要求有0.2MPa以上的工作压力，支管直径3~4cm。在供水管处连接肥料稀释池，结合供水补充肥料，用水须经过8~10目（孔径1.651~2.362mm）的纱网过滤，以防堵塞。

（3）滴水软管及其铺设方法　目前适合于大棚番茄种植的滴水软管主要有以下两种：①双上孔单聚氯乙烯塑料软管。该型软管抗堵塞性强，滴水时间短，运行水压低，适应范围广，安装容易，投资低廉，应用较广。该设备是采用直径25~32mm聚氯乙烯塑料滴灌带，作为滴灌毛管，配以直径38~51mm硬质或同质塑料软管为输水支管，辅以接头、施肥器及配件。滴水软管上有2行小孔，孔间距为33cm，将软管一端接于供水管上，另一端用堵头塞住，供水管连接有过滤网的水源，打开阀门，水便沿软管流向畦面，喷出后从地膜下滴入畦面，供番茄根系吸收利用。具体铺设方法如下：将滴灌毛管顺畦向铺于小高畦上，出水孔朝上，将支管与畦向垂直方向铺于棚中间或棚头，在支管上安装施肥器。为控制运行水压，在支管上垂直于地面连接一透明塑料管，用于观察水位，以水柱高度80～120cm的压力运行，防止滴灌带运行压力过大。若种植行距小于50cm，可采用双行单管带布置法，即将双孔微喷带布置于每畦两行植株中间，若种植行距大于50cm，则宜单行安装单根单孔微喷带，管带长度与畦长相同。安装完毕后，打开水龙头试运行，查看各出水孔流水情况，若有水孔堵住，用手指轻弹一下，即可使堵住的水孔正常出水。另外，根据地势平整度及距离出水口的远近，各畦出水量会有微小差异，用单独控制灌水时间的方法调节灌水量。检查完毕，开始铺设地膜。滴灌软管是在塑料薄膜上打孔输水灌溉的，是一种滴灌毛管方式。因其无滴头，必须在滴灌软管上覆盖地膜。软管连接及铺设方法见图11-2、图11-3。②内镶式滴灌管。该滴灌

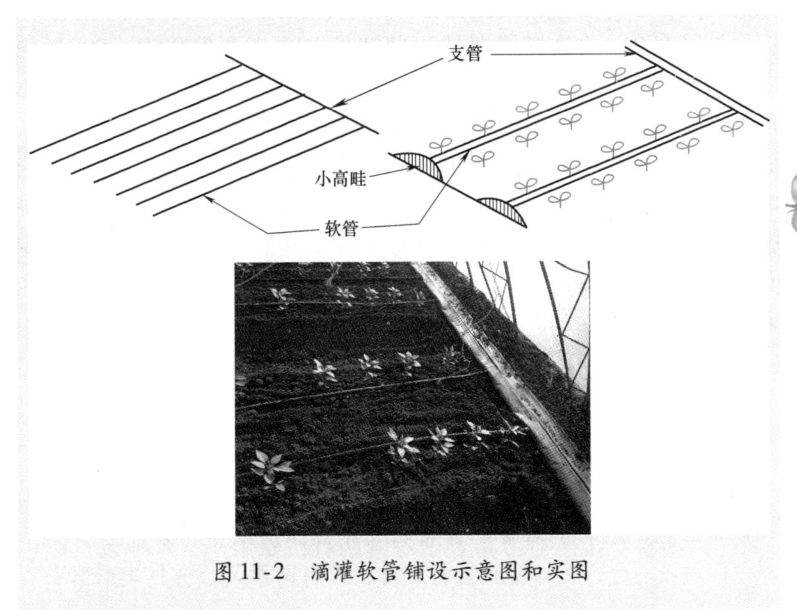

图11-2　滴灌软管铺设示意图和实图

图 11-3　支管连接滴灌软管及软管堵头

由于采用的是先进注塑成型滴头，然后再将滴头放入管道内的成型工艺，因此，能够保证滴头流通均匀一致，各滴头出水量均匀。内镶式滴灌管，管径 10mm 或 16mm，滴头间距 30cm，工作压力 0.1MPa，流量每小时 2.5～3L。铺设方法同双上孔滴灌管。如滴灌管滴头或出水孔间距与番茄定植间距不符时，可采用滴箭供水方法解决，如图 11-4 所示。

图 11-4　番茄滴箭灌水图

（4）滴水软管铺设应注意的问题

① 种植畦应整平，以免地面落差大造成滴灌不匀。

② 畦面和种植行应纵向排布，田间微喷带宜采用双行单根管带布置法，即将双孔微喷带布置于每畦两行植株中间，若种植行距大于 0.5m，则宜单行安装单根单孔微喷带，管带长度与畦长相同。

③ 单根管带滴灌长度不宜超过 60m，以免造成首尾压差大，灌

水不均。

④ 当纵向距离过长时，应设计在畦两头或从中间安装输水管，让微喷带自两头向中间或自中间向两头送水，以减少压差、提高滴灌均匀度。

⑤ 在布放微喷带时，微喷带上的孔口朝上，以使水中的少量杂质沉淀在管子的底部，也可避免根因向水性生长而堵塞滴孔。每条微喷带前都要安装 1 个开关，以根据系统提供压力的大小，现场调整滴灌条数，方便操作管理。

⑥ 微喷带安装完成后，还要覆盖地膜，以使水流在地膜的遮挡下形成滴灌效果，并减少地表水分蒸发。

4. 施肥设备

目前灌溉施肥设备除了简易水泥化肥池外，还包括成型设备，如压差式施肥罐、文丘里施肥器、比例施肥泵和电脑控制的智能施肥机（图 11-5）。

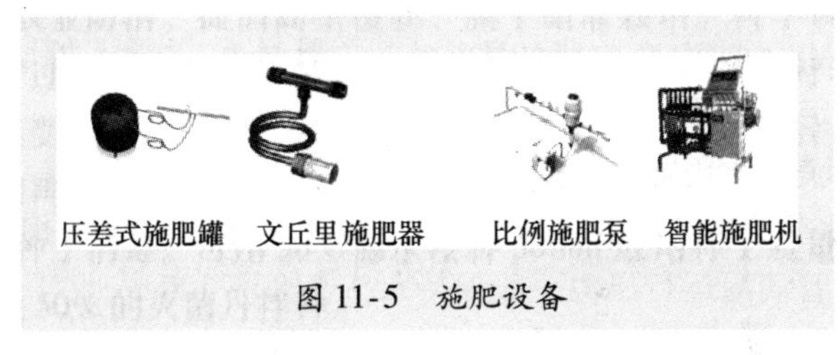

图 11-5　施肥设备

① 施肥罐制造比较简单，造价低，但是容积有限，添加肥料次数频繁且工序较为繁杂；另外，由于施肥罐中肥料不断被水稀释，进入灌溉系统中的肥料浓度不断下降，导致施肥浓度不易掌握。

② 文丘里施肥器结构简单，造价较低，但是很难精确调节施肥量且水压和水的流速对文丘里施肥器的影响非常大，因此使用过程中施肥浓度易产生波动而导致施肥浓度不均匀。

③ 比例施肥泵是一种靠水力驱动的施肥装置，能够按照设定的比例将肥料均匀地添加到水中，而不受系统压力和流量的影响，因此能够基本满足用户对于施肥浓度的控制，施肥泵的造价相对适中。

④ 智能施肥机作为精准施肥的智能装置，其配置较为复杂，功能强大，可以满足多种作物不同施肥浓度的要求，但是造价高。

5. 棚室番茄水肥一体化管理技术

(1) 施足基肥 番茄滴灌栽培下密度增加，生产上应施足基肥方能丰产丰收。根据地力结合整地每亩施入腐熟稻壳鸡粪4000～6000kg/亩或农家肥6000～10000kg/亩、三元复合肥50～60kg/亩、过磷酸钙30～50kg/亩、钾肥40～50kg/亩和饼肥75～100kg/亩。

(2) 根据番茄不同生育阶段需水规律确定灌水量 番茄发芽期要求土壤含水量为80%，幼苗期为65%～75%，开花结果期为75%以上。不同茬口需水量存在一定差异。在蔬菜实际生产中可在土壤中安装1组15～30cm不同土层深度的土壤张力计，根据各个时期的土壤水分张力值判断土壤实际含水量，并根据番茄不同生育阶段的需水指标确定灌水量，如图11-6。

图11-6 土壤张力计

(3) 滴灌水肥管理方案

1）水分管理。滴灌管理简便易行，只需打开水龙头即可灌水。双上孔软管滴灌运行压力一般保持水头高80～120cm即可，切忌压力过大，否则会破坏管壁形成畦面积水。可在支管上连通一透明细管，用以观察水柱高度。

生产中应根据土壤含水量监测数据、作物目标产量、茬口特点、具体墒情及不同生育阶段的需水规律综合确定灌溉时间、次数、每次灌溉定额及灌水总量等。棚室栽培番茄滴灌参见表11-1、彩图6。

表11-1 棚室栽培番茄滴灌参考表

时期	每次滴灌量/(m^2/亩)	滴灌次数
育苗期	10	2
定植水	20	1
缓苗水	10	1

（续）

时期	每次滴灌量/(m^2/亩)	滴灌次数
结果初期	10	3
结果盛期	15	4
结果后期	10	2
合计	160	13

2）追肥。番茄滴灌追肥结合滴水进行。生育期内追肥配比参考表11-2。也可追施滴灌专用肥：①定植至开花期间，选用高氮型滴灌专用肥（因土施用螯合态微量元素），如高浓度完全水溶性专用肥 N-P_2O_5-K_2O 为23-8-19，每亩每次4～6kg，5～7天滴灌1次；②开花后至拉秧期间，选用高钾型滴灌专用肥（因土施用螯合态微量元素），如高浓度完全水溶性专用肥 N-P_2O_5-K_2O 为19-7-24，每亩每次6～9kg，7～10天滴灌1次。如使用低浓度滴灌专用肥，则肥料用量需要相应增加。

表11-2　棚室番茄滴灌施肥参考表

生育时期	每次灌溉加入的纯养分含量/(kg/亩)				施肥次数
	氮	磷	钾	合计	
基肥	27	14	34.5	75.5	1
花期、结果前期	1.9	0.7	1.9	4.5	2
结果盛期	3.3	1.1	3.8	8.2	6～9
结果后期	2.6	0.9	2.2	5.7	1
叶面追肥	0.1%～0.3%磷酸二氢钾				2～3

3）滴灌方法。打开滴灌系统，滴清水20min后打开施肥器，开始供肥。灌溉结束前半小时停止滴肥，以清水冲洗管道，防止堵塞。

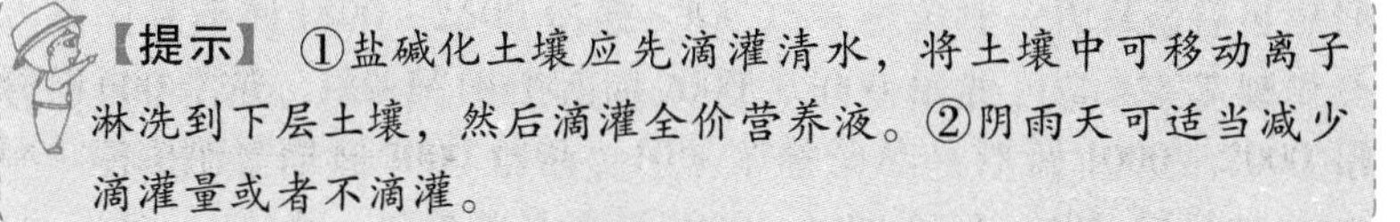

【提示】①盐碱化土壤应先滴灌清水，将土壤中可移动离子淋洗到下层土壤，然后滴灌全价营养液。②阴雨天可适当减少滴灌量或者不滴灌。

4）滴灌肥料选择。应选择常温下能完全溶解且混合后不产生沉淀的肥料。目前市场上常用溶解性好的普通大量元素固体肥料包括：氮肥有尿素、碳酸氢铵、硝酸铵、硝酸钾；磷肥有磷酸二铵，磷酸二氢钾；钾肥有硫酸钾、硝酸钾等。也可采用专用水溶肥。

【提示】①选用颗粒复合肥作滴灌肥时应观察肥膜（黏土、硅藻土和含水硅土）是否易溶或堵塞滴孔。②滴灌追施微量元素肥料时，应注意不与磷素肥同时混合施用，以免形成不溶性磷酸盐沉淀而堵塞滴孔。③除沼液外，多数有机肥因其难溶性而不宜作为滴灌肥追施。

第二节 棚室番茄无土栽培技术

蔬菜无土栽培具有可充分利用土地资源，省肥、省水、省工，减少病虫危害，实现蔬菜无公害生产，提高蔬菜产量和品质等优点，近年来在部分农业园区或示范基地得到了大面积推广，但其缺点是一次性投资巨大。蔬菜无土栽培可分为营养液栽培和有机无土栽培，其主要分类如图 11-7 所示。

棚室番茄采用简易无土栽培设施进行生产，可在充分利用农民普通大棚或温室的基础上有效克服重茬病害，获得较好的经济效益。现着重将其设施结构和营养液配制及管理简介如下。

一 栽培基质的选择和配制

蔬菜无土栽培常用基质可分为无机基质、有机基质和复合基质。无机基质主要包括蛭石、珍珠岩、岩棉、炉渣、沙等；有机基质主要包括草炭、椰糠、菇渣、蔗渣、锯末、酒糟、玉米芯等；复合基质由两种及以上基质按一定体积比混合而成，如常见的草炭、蛭石、珍珠岩混合基质。

棚室番茄常可选择复合基质，采用槽培、袋培、箱培和岩棉栽培等栽培模式。

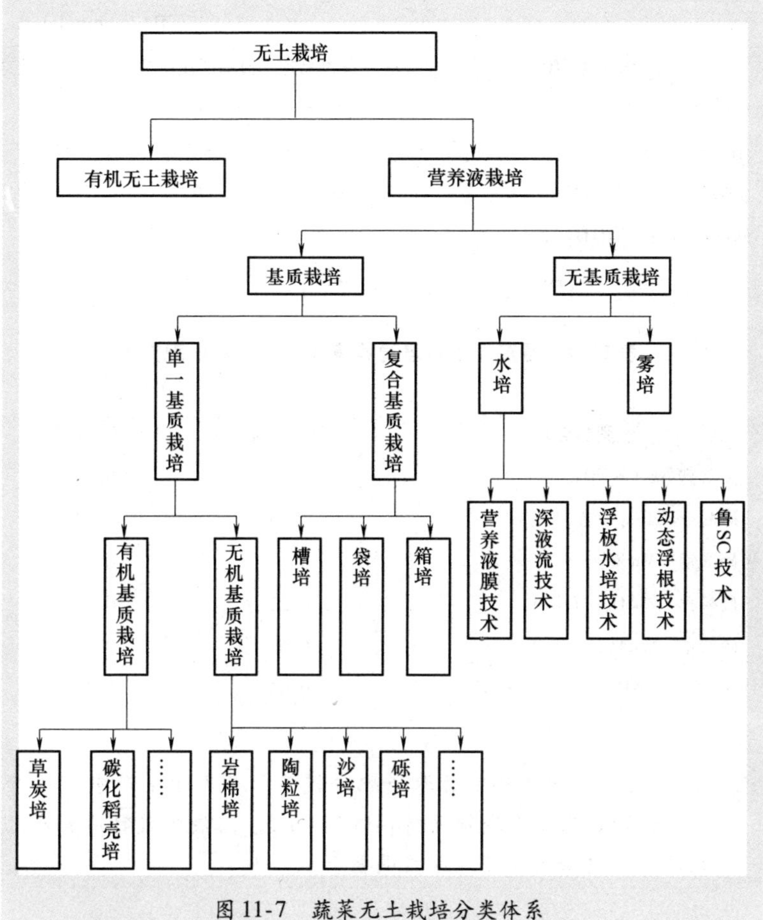

图 11-7　蔬菜无土栽培分类体系

二　番茄的无土栽培技术

1. 营养液配制和管理

（1）番茄无土栽培营养液配方　见表 11-3、表 11-4。

表 11-3 番茄无土栽培营养液（大量元素）配方表

（单位：mg/L）

肥料名称	华南农大配方	日本园试配方	日本山崎配方
硝酸钙 $Ca(NO_3)_2 \cdot 4H_2O$	590	945	354
硝酸钾 KNO_3	404	809	404
磷酸二氢钾 KH_2PO_4	136	0	0
磷酸二氢铵 $NH_4H_2PO_4$	0	153	77
硫酸镁 $MgSO_4 \cdot 7H_2O$	246	493	246

表 11-4 番茄无土栽培营养液（微量元素）配方表

（单位：mg/L）

肥料名称	用 量	元素含量
螯合铁 Na_2Fe-EDTA	20.00	0.50
硼酸 H_3BO_4	2.86	0.50
硫酸锰 $MnSO_4 \cdot H_2O$	1.54	0.50
硫酸锌 $ZnSO_4 \cdot 7H_2O$	0.22	0.05
硫酸铜 $CuSO_4 \cdot 5H_2O$	0.08	0.02
钼酸铵 $(NH_4)_6Mo_7O_{24} \cdot 4H_2O$	0.02	0.01

【提示】 生产用番茄营养液配方较多，在实际生产中可先行比较试验。但营养液须保持 pH5.8～6.5，溶液偏酸时用氢氧化钠调整，偏碱用磷酸或硝酸调整。

（2）营养液的管理

1）番茄不同生育期营养液浓度（EC 值）管理。灌溉营养液的管理因番茄无土栽培的方式和品种不同存在差异。营养液浓度可根据 EC 值判断，EC 值在番茄生长的不同时期各不相同，整个生育期 EC 值一般为 1.2～3.0ms/cm。一般而言，定植至开花前 EC 值为 1.5～2.0ms/cm，开花至第 1 穗果采收 EC 值为 2.0～2.5ms/cm，进入采收期后营养液的 EC 值可调至 3.0ms/cm。EC 值一般不可高于 3.2ms/cm，否则易烂根死亡。每 2 天进行 1 次营养液浓度测定。注意番茄生长过程中 pH 一般会呈升高趋势，当 pH 大于 7.5 时，易引起铁、锰、硼、磷等元素沉淀，造成缺素症，应及时调整。

【注意】 用电导率仪检测 EC 值，EC 值单位为 ms/cm（毫西门子/厘米），1.0ms/cm 相当于 1kg 肥料完全溶解于 1000kg 纯水后的浓度，即 0.1% 的百分浓度。

2）不同生育阶段营养液的灌溉量。定植后至第 1 花序开花每株每天滴灌量约 0.6L，结果期约 1～2L，槽培每天滴灌 2～3 次、袋培 3～4 次，阴雨天气适当减少滴灌量，使基质湿度保持在最大持水量的 60%～85%，每隔 10～15 天滴 1 天清水以防基质盐分沉积。

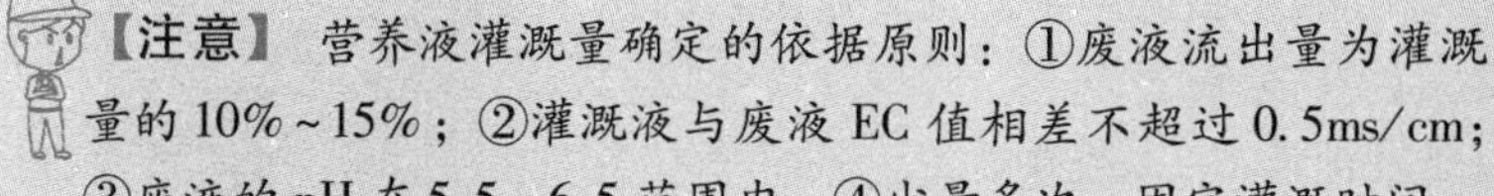

【注意】 营养液灌溉量确定的依据原则：①废液流出量为灌溉量的 10%～15%；②灌溉液与废液 EC 值相差不超过 0.5ms/cm；③废液的 pH 在 5.5～6.5 范围内；④少量多次，固定灌溉时间。

2. 番茄复合基质槽培（图 11-8）

（1）槽培设施结构

① 储液池。复合基质槽培多采用开放式供液。储液池设计容量一般为 4～5m^3，可为砖混结构，池底和内壁贴油毡防水层。池底砌凹槽用于安放潜水泵，池口加盖板。

图 11-8　番茄复合基质槽培

② 栽培槽。可用红砖、木板、聚苯乙烯薄膜塑料等作为槽体。一般槽长 10～20m，内径 48cm，基质厚度 15～20cm，槽与槽之间距离 70cm。槽内铺 1 层聚乙烯薄膜，以隔离土壤并防止营养液渗漏。

③ 栽培基质配比。栽培基质的配比采用混合基质加有机肥的方法。混合基质配比，如蘑菇渣∶秸秆∶河沙∶炉渣＝4∶2∶1∶0.25，蘑菇渣∶河沙∶炉渣＝4∶1∶0.25，草炭∶蛭石∶珍珠岩＝1∶1∶1 等均可。在每

立方米混合基质中加入10～20kg有机肥作为底肥，另加氮、磷、钾（15∶15∶15）复合肥1～2kg、过磷酸钙0.5kg、硫酸钾0.5kg、磷酸二氢钾0.5kg，充分混匀后装入栽培槽中。栽培基质的盐浓度应适宜番茄植株的正常生长，pH以5.8～6.5为宜，过于偏酸或偏碱都不利于植株对养分的吸收。

④ 供液系统。营养液不循环利用，经番茄和基质吸收后剩余部分流入渗液层经排液沟排出室外。如需循环利用则必须保证供液均匀，管道畅通。采用滴灌供液时，每300m^{2}选用1台口径40mm、流量25m^3/h，扬程35m，电压380V的潜水泵。供液主管采用直径30～50mm的铁管、聚乙烯管或聚氯乙烯管，首端安装过滤器、水表、阀门等。每条槽铺设1～2条微灌带，微灌带末端扎牢，避免漏液。基质表面覆盖农膜，水从孔中喷射到薄膜上后滴落到栽培槽基质中，让根系从基质中吸收水分和养分。主管道上还可以安装文丘里施肥器。槽培滴灌管，见图11-9。

图11-9　槽培滴灌管

(2) 日光温室番茄槽培管理技术

1）基质准备。定植前一天将填入基质槽中的基质完全用营养液浸透，于定植前排水并检查灌溉设备是否正常。

2）环境管理。棚室番茄不同生长阶段适宜的温光气热参考指标，见表11-5。

表11-5　棚室番茄不同生长阶段适宜的温光气热参考指标

生长时期	白天温度	夜间温度	空气湿度	光照度/lx	二氧化碳气体/(μL/L)
缓苗期	25～28℃	>15℃	80%～90%	20000～50000	1000～1500
开花坐果期	20～28℃	>15℃	60%～70%		
结果期	25～28℃	>10℃	50%～65%		

棚室番茄无土栽培在冬季有时需要进行二氧化碳施肥，具体方

法为：温室中适宜二氧化碳含量为 1000～1500μL/L。当温室中二氧化碳含量偏低时，可采用硫酸与碳酸氢铵反应产生二氧化碳，每亩温室每天约需 2.2kg 浓硫酸（使用时加 3 倍水稀释）和 3.6kg 碳酸氢铵，每天在日出半小时后开始施用，持续 2h 左右。

3）水肥管理。

① 定植后及时用营养液灌溉 20～30min，并遮阳 3～4h 后转入正常灌溉。

② 复合基质本身含有丰富的营养元素，因此可将营养液配方做适当调整，如栽培前期可少加微量元素，并可用铵态氮或酰胺态氮代替硝态氮配制溶液以降低成本等。

③ 草炭类基质具有较强的缓冲性，基质装槽前可预混底肥。如每立方米可添加硝酸钾 1000g、硫酸锰 14.2g、过磷酸钙 600g、硫酸锌 14.2g、石灰或白云石粉 3000g（北方硬水地区，灌溉水含钙量高，可不加石灰）、钼酸钠 2.4g、硫酸铜 14.2g、螯合铁 23.4g、硼砂 0.4g、硫酸亚铁 42.5g。

④ 生长期间及时均匀供液，1 天供液 1～2 次，高温季节和蔬菜生长盛期 1 天供液 2 次以上。

⑤ 经常检查出水口，防止管道堵塞。预防基质积盐，如基质电导率超过 3ms/cm，则应停止供液，改滴清水洗盐。基质可重复使用，但在下茬定植前要用太阳能法或蒸汽法进行彻底消毒。

3. 番茄复合基质袋培

用尼龙布或抗紫外线的黑白双色聚乙烯薄膜制成的袋状容器，装入基质后栽培蔬菜的无土栽培方式称为袋培。

（1）设施结构

1）栽培袋。可分为卧式袋培栽培袋和立式袋培栽培袋 2 种，通常用 0.1mm 防紫外线聚乙烯薄膜制作。

① 卧式袋培栽培袋是将桶膜剪成 70cm 一段，一端封口，装入 20～30L 基质后封严另一端，按预定株距依次放于地面。定植前，在袋上开 2 个直径为 8～10cm 的定植孔，两孔间距 40cm。每孔定植 1 株番茄，安装 1 个滴箭。

② 立式袋培栽培袋呈桶状，先将直径 30～35cm 的桶膜剪成

35cm 长，一端用封口机或电熨斗封严，装入 10～15L 基质后直立放置，每袋种植 1 株大株番茄。袋的底部或两侧扎 2～3 个直径 0.5～1cm 小孔，以便多余营养液渗出，防止沤根。

【摆放方法】 每 2 行栽培袋为 1 组，相邻摆放，袋下铺水泥砖，两砖间留 5～10cm 距离，作为排液沟，两行砖向排液沟方向倾斜。而后在整个地面铺乳白色或白色朝外的黑白双色塑料薄膜。

2）供液系统。采用滴灌方法供液，营养液无须循环。供液装置可为水位差式自流灌溉系统，储液罐可架设在离地 1～2m 高处。供液主管道和支管道可分别用直径 50mm 和 40mm 聚乙烯塑料软管，沿栽培袋摆放方向铺设的二级支管道可用直径 16mm 聚乙烯塑料软管，各级软管底端均应堵严。每个栽培袋设 2 个滴箭头，以备一个堵塞时另一个正常供液。每次供液均应将整袋基质浇透。番茄支架袋培模式如图 11-10 所示。

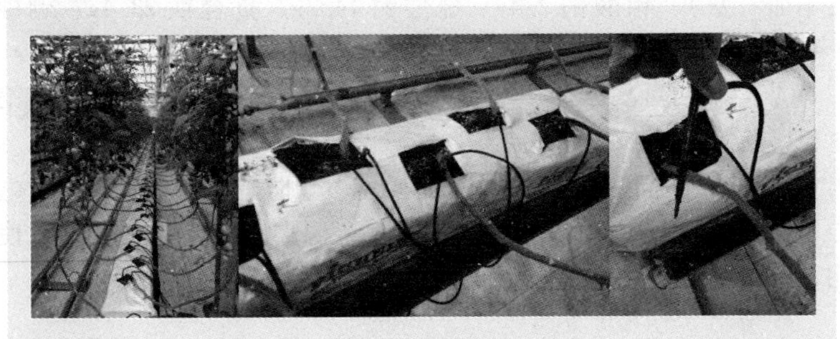

图 11-10 番茄支架袋培模式

（2）管理技术 参照番茄复合基质槽培中的管理技术。

4. 岩棉栽培

岩棉栽培是指以长方形的塑料薄膜包裹的岩棉种植垫为基质，种植时在其表面塑料膜开孔，安放栽有幼苗的定植块，并向岩棉种植垫中滴加营养液的无土栽培技术。可分为开放式岩棉栽培和循环式岩棉栽培。这里主要介绍开放式岩棉栽培（图 11-11）。

开放式岩棉栽培是指营养液不循环利用，多余营养液流入土壤或专用收集容器中。该栽培模式目前应用最多，设施结构简单，安装

图 11-11 番茄开放式岩棉栽培

容易，造价较低，营养液易于管理，但通常有 15%～20% 营养液排出浪费。

（1）设施结构

1）栽培畦。首先整平地面，做龟背形高畦。番茄栽培畦畦宽 150cm，畦高 10～15cm，每畦放置 2 行岩棉垫，行距 80cm。夯实土壤，畦两边平缓倾斜，形成畦沟，坡降 1∶100，畦长 30～50m。畦上铺一层厚 0.2～0.3mm 白色或黑白双色塑料薄膜，薄膜紧贴地面，将岩棉与土壤隔开，薄膜接口不要安排在畦沟中。畦上两行种植垫间距较大，可作为工作通道，畦沟可用于摆放供液管及排液。温室一端设置排液沟，及时排除废液。

冬季栽培时可在种植垫下安放加温管道。可先在摆放种植垫位置处放置一块中央有凹槽的泡沫板隔热。畦上铺一层黑白双色薄膜，膜宽应能盖住畦沟及两侧两行种植垫。放上种植垫后把两侧薄膜向上翻起，漏出黑色底面，并盖住种植垫。

也可采用小垄双行形式，并行起两条小垄，夯实后铺一层薄膜，在每条小垄上摆放岩棉垫。两条小垄间低洼处可作为排液沟，还可铺设加热管道兼作田间操作车轨道。

此外，高级栽培还可采用支架式岩棉床栽培等（图 11-12）。

2）岩棉种植垫。种植垫为长方体，厚度 75～100mm，宽度 150～300mm，长度 800～1330mm。每条种植垫可定植 2～3 株番茄。

3）供液系统。可在离地 1m 处建 1 个储液池，利用重力水压差通过各级管道系统流到各滴头进行供液。以每 $100m^2$ 设施面积设置

图 11-12　番茄支架岩棉栽培

0.6～$1m^3$ 的储液池为标准。也可不设储液池，只设 A、B 浓缩液储液罐，供液时启动活塞式定量注入泵，分别将两种浓缩液注入供水主管道，按比例与水一起进入肥水混合器（营养液混合器）混合成为栽培液。供液主管上安装过滤器，防止滴头堵塞。

供液管道分为主管道、支管和水阻管等多级。栽培行内的供液管（支管或二极管）管径应在 16mm 以上。滴灌最末一级管道称为水阻管，每株 1 根。水阻管与供液管之间可用专用连接件连接。也可先用剪刀将水阻管一端剪尖，再用打孔器在供液管上钻出 1 个比水阻管稍小的孔，用力将水阻管插入。水阻管流量一般为每小时 2L 以上。应定期检查滴头，及时清理过滤器，并每隔 3～5 天用清水彻底清理 1 次滴灌系统。

水阻管的出液端用一段小塑料插杆架住，称为滴箭，出液口距基质表面 2～3cm，以免水泵停机时供液管营养液回流吸入岩棉中的小颗粒，造成堵塞。

营养液供液可通过定时器和电磁阀配合进行自动控制，也可通过感应探头感应岩棉块中营养液含量变化，低于设定值时启动电磁阀开始供液。

4）排液系统。每块岩棉块侧面距地面 1/3 处切开 2～3 个 5～7cm 长的口，多余营养液由切口处排出至废液收集池，可用于叶菜深液流无土栽培或直接浇灌土壤栽培的蔬菜。

【注意】 废液集液池可设置于连栋温室外的空地上，需做防渗水设计。面积为 2000 ~ 2667m^2 的连栋温室，废液集液池内径尺寸为：长 1.5m × 宽 1.5m × 深 1.7m。池底设置废液、杂质收集穴，池口设置盖板。

（2）管理技术

1）育苗。番茄可采用岩棉育苗。方法如下：先在槽盘中用 EC 值 1.5 ~ 2.0ms/cm 的营养液浸透岩棉块，催芽种子放入育苗块中央孔隙，深 1cm 左右。空隙较大时可覆盖 1 层蛭石或复合基质。之后覆盖地膜保湿，出苗后揭除。出苗后用喷壶从上方喷淋 EC 值 1.5ms/cm、pH5.8 ~ 6.5 的营养液。幼苗长出真叶后移栽至定植块中。先用清水将定植块浸透，然后将育苗块塞入定植块中央小孔中。几天后，根系即可下扎入定植块中。

2）定植。定植前 3 天先将岩棉垫上部定植位置薄膜划开，形成方洞或圆洞，然后用 EC 值 2.5 ~ 3.0ms/cm 的营养液使岩棉垫彻底湿透，定植时只需把定植块摆放在方洞位置，将滴箭插到定植块上开始供液，深度以 2 ~ 2.5cm 为宜（图 11-13）。

划开岩棉垫薄膜　　放置定植块　　幼苗定植于岩棉块

图 11-13　番茄岩棉定植

3）营养液管理。根据张力计法测定基质的含水量以确定供液量。可在温室中选择 5 ~ 7 个点，在每个点的岩棉垫的上、中、下三层中安装 3 支张力计。根据每株番茄所占岩棉基质体积和不同阶段适宜田间持水量，计算出每株番茄需要的营养液量。一旦张力计显

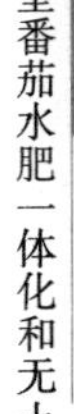

示基质水分下降10%时即开始供液，并可计算出供液量和供液时间。若岩棉电导率较高（EC值>3.5ms/cm）时，则需洗盐。

供液次数和时间。一般每天滴灌3~5次，每次20~25min，每天的滴量约为60~90mL/株。天气炎热、空气干燥、阳光充足时须多供液。阴天、多雨、空气湿度大时，供液次数适当减少。每次具体供液时间可取决于岩棉块的电导率，一般情况下岩棉块电导率应为1.0ms/cm，每次排除的营养液应为供液总量的15%~20%。

供液浓度应根据番茄不同生长阶段确定适宜的EC值，总的来说开花前EC值低，避免植株徒长。坐果后应逐步提高EC值以满足植株养分需求。

4）pH管理。pH采用pH计测定，pH应保持在5.8~6.5，与EC值的测定同时进行。

5）植株调整。采用吊蔓栽培。植株长至50~60cm时开始吊蔓，侧枝长至3~4cm时及时抹杈。根据栽培空间和操作方便程度，植株长至2~3m时开始落蔓，落蔓时可将茎蔓向北向或栽培行两侧倾斜进行，茎蔓较长时可环绕于栽培架上或用挂钩挂住以免折断，如图11-14所示。落蔓需2人合作进行，尽量避免损伤茎蔓和果实。

图11-14　落蔓

第十二章 番茄病虫害诊断与防治

第一节　番茄侵染性病害的诊断与防治

1. 番茄灰霉病

【病原】 灰葡萄孢菌，属半知菌亚门真菌。

【症状】 苗期、成株期均可发病，主要为害花、果实、叶片及茎。叶片染病，病斑多从边缘呈“V”字形扩展，初呈水浸状、浅褐色，后变为黄褐色或褐色，边缘不规则，具有深浅相间轮纹，病部密生灰色霉层，即分生孢子梗和分生孢子，严重时叶片枯死（彩图7）。茎染病，初呈水浸状小点，后长成椭圆形或长条形斑，湿度大时病部密生灰褐色霉层，逐渐枯死。果实染病，青果发病最重，多由残花和花托处发病，向果实或果柄扩展。果皮变成灰白色水浸状，然后变软腐烂，烂果长灰色霉层，果实失水后产生僵果（彩图8）。

【发病规律】 病菌以菌核、菌丝体或分生孢子在土壤和病残体上越冬。从植株伤口、花器官或衰老器官侵入，花期是染病高峰，借气流、灌溉或农事操作传播。病菌生长适宜温度为18～24℃，发病温度为4～32℃，最适温度为22～25℃。空气湿度90%以上、植株表面结露易诱发此病。气温高于30℃、低于4℃，空气湿度低于80%时不易发病，属低温高湿型病害。棚室番茄春季栽培，阴雨天气湿度大时易发病。

【防治方法】

1）农业措施。棚室番茄提倡高垄覆膜、膜下暗灌或滴灌的栽培

模式。适时通风换气，降低湿度。及时进行整枝、打杈、打老叶等植株调整，摘（清）除病果、病叶或病残体。氮磷钾平衡施肥可促使植株健壮。

2）药剂防治。棚室番茄拉秧后或定植前采用30%百菌清烟剂0.5kg/亩、20%腐霉利烟剂1kg/亩或20%噻菌灵烟剂1kg/亩熏闷棚12～24h灭菌。或采用40%嘧霉胺悬浮剂600倍液、50%敌菌灵可湿性粉剂400倍液、45%噻菌灵可湿性粉剂800倍液等进行地表和环境灭菌。

发病初期可采用以下药剂防治：50%腐霉利可湿性粉剂1500～3000倍液、40%嘧霉胺可湿性粉剂800～1200倍液、50%嘧菌环胺可湿性粉剂1200倍液、30%福·嘧霉可湿性粉剂800～1000倍液、45%噻菌灵可湿性粉剂800倍液、50%异菌脲可湿性粉剂1000倍液、25%啶菌噁唑乳油1000～2000倍液、2%丙烷脒水剂800～1200倍液、2×10^8CFU/g木霉菌可湿性粉剂600～800倍液，兑水喷雾，视病情每5～7天防治1次。

【提示】 番茄坐果后，结合整枝及时摘除残留花瓣及柱头，可减少灰霉病对果实的侵染。

2. 番茄叶霉病

【病原】 黄枝孢菌，属半知菌亚门真菌。

【症状】 主要为害叶片，严重时也可为害茎、花和果实。发病时先从植株下部叶片开始，逐渐向上蔓延。叶片发病，初期在叶片背面出现界限不清的褪绿病斑，潮湿时病斑上长出紫灰色、深灰色至黄褐色或黑色密实的霉层，叶片正面出现不规则的浅黄色褪绿病斑，后期密生霉层（彩图9、彩图10）。病斑扩大后常以叶脉为界，形成不规则形大斑，病叶变干、卷缩，最后枯死。果实染病，果蒂附近或果面形成黑褐色不规则形斑块，硬化凹陷，不能食用。嫩茎及花梗、果柄上也能产生和叶部相似的病斑，并可延及花冠，引起花瓣枯萎或幼果脱落。

【发病规律】 以菌丝体和分生孢子梗随病残体在土壤中或附着于种子上越冬。借气流传播，经番茄叶背、萼片、花梗等处气孔侵入致病。病菌发病温度范围为9~34℃，最适温度为20~25℃，气温低于10℃或高于30℃时，病情受抑。环境高湿是叶霉病发生的重要条件。在空气湿度达95%以上、气温20~25℃的条件下，病菌迅速繁殖，10~15天即可使整个保护地普遍发病。遇连阴天、湿度大时发病重，病害发展迅速；晴天光照充足，棚室增温至30~36℃时对病菌有较大的抑制作用。

【防治方法】

1）农业防治。选用抗病品种，如江蔬番茄2号、桃星、中杂105、春秀A6、皖粉208等均较抗叶霉病。应加强栽培管理，及时进行田间通风，合理管理水分，棚室注意控温、降湿，增加光照。番茄栽植不宜过密，适当增施磷、钾肥，提高植株抗病力。及时整枝、打杈，坐果后适度摘除下部老叶等。

2）种子处理。可采用55℃温水浸种15min、2%武夷霉素浸种或用种子质量0.4%的50%克菌丹可湿性粉剂拌种。

3）药剂防治：棚室栽培可采用45%百菌清烟剂250g/亩熏烟防治。具体方法为：傍晚关闭棚室后，每亩棚室设置5~7处燃放点，先点燃远离棚门处烟剂，然后逐步退出棚外，第二天早晨及时开风口通风。

发病初期可采用以下药剂防治：50%异菌脲悬浮剂1500倍液、40%嘧霉胺可湿性粉剂1500~2000倍液、30%醚菌酯悬浮剂2500倍液、40%氟硅唑乳油5000倍液、50%苯菌灵可湿性粉剂1000~1500倍液、20.67%杜邦万兴乳油（噁唑菌酮·氟硅唑）2500倍液、50%克菌丹可湿性粉剂500倍液、2%春雷霉素可湿性粉剂500倍液+10%苯醚甲环唑水分散粒剂1500倍液、20%丙硫·多菌灵悬浮剂2000倍液+75%百菌清可湿性粉剂500倍液等，兑水喷雾，视病情每5~7天防治1次。

【提示】 叶霉病对化学药剂抵抗力强，防治上应结合药剂，以品种选择和栽培管理为主。

3. 番茄早疫病

【病原】 茄链格孢，属半知菌亚门真菌。

【症状】 又称轮纹病，苗期、成株期均可染病，主要为害叶、

茎、花和果实。此病大多从结果初期开始发生，结果盛期发病加重。叶片发病初期，出现深褐或黑褐色小斑，后出现圆形或近圆形病斑，边缘深褐色，中央灰褐色，有同心轮纹，轮纹表面着生毛刺状物，潮湿时病部密生黑霉（彩图 11）。茎部受害，病斑多发生于分枝处，呈灰褐色不规则或椭圆形病斑，稍凹陷，轮纹不明显，表面着生灰黑色霉状物。果实染病，始于花萼附近，初为褐色或黑褐色病斑，圆形或近圆形，稍凹陷，有同心轮纹，后期病部表面密生黑色霉层。

【发病规律】 以菌丝体或分生孢子随病残体在土壤中或附着于种子上越冬，第二年条件适宜时产生分生孢子，从番茄气孔、伤口或表皮直接侵入，借气流、灌溉水、雨水传播，进行多次重复侵染。病菌生长发育的温度范围为 1～45℃，最适温度为 26～28℃，适宜的相对湿度为 31%～96%，相对湿度 86%～98% 时病菌萌发率最高。侵入寄主后，2～3 天就可形成病斑，并产生再侵染。生产上病害多在结果初期开始发生，结果盛期病情加重。露地栽培番茄在暴雨后早疫病易发生流行。棚室湿度高，日均温度 15～23℃时易发病。另外，棚室昼夜温差大，番茄叶面结露，叶缘吐水时间长，种植密度大，基肥不足等均可诱发病害发生。

【防治方法】

1）农业防治。选用抗病品种。避免连作，与非茄科作物实行 2～3 年轮作。加强栽培管理，苗床要注意保温和通风，浇水后及时降湿。栽植不宜过密，增施磷肥、钾肥，避免田间积水。早期及时摘除病叶、病果，带出田外集中处理。

2）种子处理。可采用 55℃温水浸种 15min、2% 武夷霉素浸种或用种子质量 0.4% 的 50% 克菌丹可湿性粉剂拌种。

3）棚室消毒。定植前棚室闭棚，采用 10% 百菌清烟剂 400g/亩或硫黄 0.25kg/100m^2、锯末 0.5kg/100m^2 熏烟消毒。

4）药剂防治。可用 68.75% 噁酮・锰锌（杜邦易保）水分散性粒剂 1200 倍液、70% 代森锰锌可湿性粉剂 700 倍液、75% 百菌清可湿性粉剂 600～800 倍液等预防病害。发病初期可采用以下药剂防治：52.5% 噁酮・霜脲氰（杜邦抑快净）水分散粒剂 2000 倍液、50% 苯菌灵可湿性粉剂 800～1000 倍液、25% 溴菌腈可湿性粉剂

500～1000 倍液、40% 嘧霉胺悬浮剂 1000～1500 倍液、64% 氢铜·福美锌可湿性粉剂 600～800 倍液、20% 噻菌铜悬浮剂 800～1000 倍液＋50% 异菌脲悬浮剂 1500 倍液、20% 噻菌铜悬浮剂 800～1000 倍液＋80% 代森锌可湿性粉剂 500 倍液等，兑水喷雾，视病情每 5～7 天防治 1 次。为防止产生抗药性，提倡药剂交替或复配使用。

保护地栽培，还可于发病初期用 45% 百菌清烟剂 250g/亩＋10% 腐霉利烟剂 200～400g/亩熏烟防治，视病情每 5～10 天防治 1 次。

为提高药效，可在上述药液中添加少量中性洗衣粉或有机硅展着剂，以提高药效。也可在发病初期连喷 2～3 次 100mg/kg“农抗 120”，有较好的防病增产效果。番茄茎部或分枝处发病后，药剂喷雾防效不佳时，可先轻刮发病部位，再用小刷子蘸 72% 霜脲·锰锌（克露）可湿性粉剂 100 倍涂抹病部，防效较好。

【提示】 早疫病与番茄圆纹病很相似，其主要区别是，早疫病病斑轮纹面有毛刺状不平坦物，而圆纹病病斑的纹路较光滑。

4. 番茄晚疫病

【病原】 致病疫霉菌，属鞭毛菌亚门真菌。

【症状】 主要为害叶片、茎和果实，以叶片和处于绿熟期的果实受害最重。幼苗染病，病斑由叶向主茎蔓延，幼茎基部呈水渍状缢缩，后呈现黑褐色，致全株萎蔫或折倒，湿度大时病部表面产生白霉。成株叶片染病，多从植株下部叶片的叶尖或叶缘开始发病，初为不规则的暗绿色水渍状病斑，后逐渐变褐色，潮湿时病斑背面边缘和健康组织交界处产生稀疏的白色霉层。茎和叶柄染病，病斑呈水浸状，褐色、凹陷，后变为黑褐色腐败状，致使植株萎蔫。果实染病，主要发生于青果，病斑初呈油浸状、暗绿色，后变成暗褐色至棕褐色，稍凹陷，边缘明显，果实一般不变软，湿度大时病部产生少量白霉（彩图 12）。

【发病规律】

晚疫病是一种流行性很强的真菌病害，番茄从出苗至结果期均可发病，严重时可整株死亡，是一种毁灭性病害。病菌以卵孢子、

厚垣孢子或菌丝体等随病残体在土壤中或在越冬茬茄科蔬菜上为害越冬。条件适宜时病菌产生孢子囊，借雨水、灌溉水或气流传播蔓延。病菌生长发育温度为10～25℃，适温为20℃，产生孢子囊的相对湿度为85%～97%，属低温高湿性病害。早春和秋季棚室白天温度20～22℃，湿度95%以上持续8h，夜间温度6～13℃，叶面结露或叶缘吐水保持12h左右，病原菌即侵染引发病害。低温、高湿、阴雨、露水大、早晨和夜晚多雾的情况下番茄晚疫病易发生流行。另外，密植或偏施氮肥的地块发病重。

【防治方法】

1）农业防治。选用抗病品种，如中杂101号、中蔬5号、百利、桃星等均较抗晚疫病。与非茄科作物实行3～4年轮作，且不宜与马铃薯、茄子等邻作。加强栽培管理，避免在栽培番茄的棚室中育苗。合理密植，及时整枝打杈，清除植株下部老叶，改善通风透光条件，并注意排除低洼地积水。早春、晚秋注意防寒，发病初期及时摘掉病叶，清除病残株。平衡施肥，适量增施钾肥，避免偏施氮肥。棚室栽培时加强温、湿度管理，通过通风散湿及保持夜温不低于15℃，可减轻发病。

2）药剂防治。发病初期可采用以下药剂防治：72.2%霜霉威盐酸盐水剂800～1000倍液、40%烯酰吗啉水分散粒剂400～600倍液、72%霜脲·锰锌可湿性粉剂400～600倍液、69%烯酰·锰锌可湿性粉剂1000～1500倍液、250g/L吡唑醚菌酯乳油1500～3000倍液、60%唑醚·代森联水分散粒剂1000～2000倍液、20%唑菌酯悬浮剂2000～3000倍液等，兑水喷雾，视病情每5～7天防治1次。也可用58%甲霜·锰锌可湿性粉剂800倍液+40%烯酰吗啉水分散粒剂1000倍液、25%甲霜灵可湿性粉剂800倍液+69%烯酰·锰锌可湿性粉剂1500倍液、50%甲霜铜可湿性粉剂600倍液或60%琥·乙膦铝可湿性粉剂400倍液灌根，每株用量0.3L，每隔10天1次，连用3次。

【提示】 早疫病与晚疫病的区别：“早疫是个斑，晚疫一大片”。防治时注意含锰锌成分药剂不宜重复使用，以免出现药害。

5. 番茄菌核病

【病原】 核盘菌，属子囊菌亚门真菌。

【症状】 番茄叶片、果实和茎均可受害。叶片染病始于叶缘，初呈水浸状，浅绿色，湿度大时长出少量白霉，后病斑呈灰褐色，蔓延速度快，致叶片腐烂枯死。果实及果柄染病，始于果柄，并向果面蔓延，致未成熟果实似水烫过，呈灰白色，病部可产生白霉，后霉层上产生黑色菌核。茎部染病，多由叶柄基部传入，病斑呈灰白色，稍凹陷，后期表皮纵裂，边缘呈水渍状，剥开茎部可发现髓部有大量黑色菌核，严重时植株枯死（彩图13）。

【发病规律】 病菌主要以菌核在土壤中或附着在种子上越冬或越夏。菌核在土中存活1~3年，当温、湿度适宜时，菌核萌发产生子囊盘和子囊孢子，借气流、雨水进行传播蔓延。子囊孢子萌发温度为0~35℃，适温为5~10℃；菌核萌发适温为15℃；菌丝生长温度为0~30℃，适温为20℃。相对湿度在85%以上有利于发病。此病害在早春或晚秋保护地容易发生流行。

【防治方法】

1）农业防治。有条件的地区，与非茄科作物实行1~3年的轮作。前茬收获后深翻土壤，使菌核不能萌发。选用无病种子，如种子中混杂有菌核和病株残体，在播种前可用8%的盐水洗种，去除上浮的菌核和杂物，然后用清水洗几次后播种，以免影响发芽。发现病株及时拔除，集中处理，防止菌核入土中。进行中耕，可以破坏子囊盘的产生，并将其埋入土中，减少子囊孢子的传播。

2）药剂防治。发病初期可采用以下药剂防治：40%菌核净可湿性粉剂800~1500倍液、50%腐霉利可湿性粉剂1500倍液、50%异菌脲可湿性粉剂800倍液、45%噻菌灵悬浮剂800~1000倍液、50%乙烯菌核利可湿性粉剂600~800倍液、20%甲基立枯磷乳油600~1000倍液等，兑水喷雾，视病情每5~7天防治1次。棚室栽培也可选用10%腐霉利烟剂250~300g/亩熏烟防治。

6. 番茄斑枯病

【病原】 番茄壳针孢菌，属半知菌亚门真菌。

【症状】 番茄斑枯病又称白星病、斑点病或鱼目斑病。各生育

阶段均可发病，多在开花结果后发生，主要为害叶片、茎秆和果实。叶片染病，多从下部叶向中部叶发展，初在叶背产生水渍状小圆斑，随后叶边缘呈暗褐色，中央灰白色，叶片正面密布较多圆形或近圆形的凹陷小斑点，后期病斑密生黑色小粒点，病斑形状如“鱼眼”（彩图 14）。严重时，叶片布满病斑，互相连片，有时穿孔，叶片枯黄，中下部叶片全部干枯，仅剩下植株顶端少量健叶。茎和果实染病，病斑近圆形或椭圆形，略凹陷，边缘暗褐色，中央浅褐色，病斑散生黑色小粒点。

【发病规律】 以菌丝体和分生孢子器随病残体在土壤中或附着于种子上越冬。第二年条件适宜时病菌产生分生孢子在田间形成初侵染，借雨水飞溅传播形成再侵染，并扩散蔓延。

病菌发育温度为 12～30℃，适温为 20～26℃。相对湿度 75% 以上，温度 25℃左右，光照不足，昼夜温差大，叶面结露时病害易发生流行。重茬地、低洼地排水不良、棚室通风不良，管理粗放或结果期阴雨天多会加重病害。

【防治方法】

1）农业防治。苗床使用新土或在两年内未种过茄科蔬菜的地块育苗，培育无病壮苗。实行与非茄科蔬菜 3～4 年轮作。加强田间管理，采用高畦或半高畦覆膜栽培，合理密植，及时去掉底部老叶，加强田间通风，注意田间排水降湿。合理施肥，重施有机肥，增施磷钾肥，喷施含有甲壳素成分的叶面肥，可提高植株抗病力。发现病叶及时摘除，带出田外深埋或烧毁。避免在雨后或早晚露水未干前进行农事操作。

2）种子处理。选用抗病品种。选用无菌种子，种子播前可用 52℃温水浸种 30min。

3）药剂防治。发病初期可采用以下药剂防治：70% 甲基硫菌灵可湿性粉剂 700 倍液、70% 代森锰锌可湿性粉剂 800～1000 倍液、75% 百菌清可湿性粉剂 600 倍液、64% 噁霜灵·锰锌可湿性粉剂 400～500 倍液、40% 多·硫悬浮剂 500 倍液、58% 甲霜·锰锌可湿性粉剂 500 倍液、40% 氟硅唑乳油 4000 倍液、10% 苯醚甲环唑水分散粒剂 2000 倍液等，兑水喷雾，视病情每 5～7 天防治 1 次。上述药剂可交替施用，防效较好。

7. 番茄枯萎病

【病原】 尖镰孢菌番茄专化型，属半知菌亚门真菌。

【症状】 又称萎蔫病，是一种重要的土传性病害，多在番茄开花结果期发生，主要为害根茎部，局部受害，全株显病。发病初期，叶色变浅，似缺水状，植株下部叶片变黄，中午时萎蔫下垂，但多不脱落，早晚可恢复正常。随着病情发展，病叶自下而上变黄、变褐，除顶端数片完好外，其余均坏死或焦枯（彩图15）。有时病株一侧叶片萎垂，另一侧叶片尚正常。湿度高时，茎基部贴近地表处密布粉红色霉层，剖开茎部可见维管束变为黄褐色。

【发病规律】 以菌丝体或厚垣孢子随病残体在土壤中或附着在种子上越冬。病菌可通过雨水或灌溉水传播蔓延，从根部伤口或幼根根尖侵入后经薄壁细胞到达维管束，堵塞导管，产生毒素，致叶片萎蔫枯死。发病适温为28℃，高温、多雨、土壤潮湿利于发病。连作、土质黏重、土壤偏酸、线虫或粪蛆危害较重地块发病严重。育苗用的营养土带菌，施用未充分腐熟的有机肥，氮肥施用过多，磷、钾肥不足及连阴雨后或大雨过后骤然放晴，气温迅速升高，或时晴时雨、高温闷热的天气，均易诱发此病。

【防治方法】

1）农业防治。注意换茬轮作。施用充分腐熟的有机肥。提倡高垄覆膜栽培，小水灌溉，忌大水漫灌。适当增施生物菌肥及氮磷钾平衡施肥，提高植株抗性。棚室适时通风降湿。发现病株及时拔除，病穴处撒石灰消毒。

2）嫁接防病。用野生水茄、毒茄或红茄作砧木，可有效防治番茄枯萎病。

3）种子处理。可使用0.1%硫酸铜溶液浸种5min，洗净后催芽播种；用50%克菌丹可湿性粉剂拌种，药量为种子质量的0.3%~0.5%；用52℃温水浸种30min。

4）土壤处理。连作棚室可用石灰稻草法或石灰氮进行土壤消毒，并在定植前几天大水漫灌和高温闷棚。

5）药剂防治。发病前至发病初期可用下列药剂防治：70%噁霉

灵可湿性粉剂2000倍液、3%噁霉·甲霜水剂600~800倍液、45%噻菌灵悬浮剂100倍液、50%甲基硫菌灵可湿性粉剂500倍液、80%代森锰锌可湿性粉剂600倍液、50%多菌灵可湿性粉剂500倍液、50%苯菌灵可湿性粉剂500~1000倍液、70%敌磺钠可溶性粉剂500倍液等，兑水灌根，每株250mL，视病情5~7天防治1次。

8. 番茄青枯病

【病原】 青枯劳尔氏菌，属细菌。

【症状】 又叫细菌性枯萎病，一般苗期不表现症状，多在开花结果期开始发病。植株先是顶端叶片萎蔫下垂，然后下部叶片凋萎，最后中部叶片至全株萎蔫（彩图16）。有时仅一侧叶片萎蔫或整株叶片同时萎蔫。发病初期，病株仅在白天萎蔫，傍晚以后恢复正常，重病株不能恢复。发病后如土壤干燥，气温偏高，2~3天全株即凋萎。如果气温较低，连阴雨或土壤含水量较高时，病株可维持一周后枯死，但叶片仍保持绿色或浅绿色，故称青枯病。观察可发现病茎表皮粗糙，维管束变褐（彩图17），并产生不定根，根部变褐、腐烂。横切病茎，轻轻挤压，可流出白色菌液。

【发病规律】 病菌随病残体在土壤中越冬，为主要初侵染源。借雨水、灌溉水或带菌肥料传播，从根部或茎基部伤口或根冠侵入，在维管束组织中扩展，堵塞导管，产生毒素，致叶片萎蔫死亡。病菌生长温度为10~40℃，适温为30~37℃，高温、高湿利于发病。幼苗不壮，多年连作，中耕伤根，低洼积水，土壤偏酸等均可促进发病，加重危害。

【提示】 夏季露地栽培番茄遇连阴雨或降大雨后暴晴，土温随气温急剧回升易引致病害发生流行，可在雨后田间及时浇灌清水加以预防。

【防治方法】

1）农业防治。轮作、忌连作，最好与禾本科作物进行3~5年的轮作，以与水稻轮作最好。进行土壤改良，在酸性土壤中，亩施50~100kg石灰，使土壤呈中性至微碱性，可减轻病害的发生。选地势高燥、排水良好的无病田块育苗，防止秧苗带病。苗期控制温湿度，增施底肥，防止幼苗徒长、节间拉长，培育壮苗，提高抗病力。适时早定植，使植株提前进入结果期，避开夏季高温、多雨的发病盛期。定植时，应尽量减少根系损伤。栽培地应选地势高燥、易排水的地块，忌低洼潮湿地。尽量采用高畦栽培，严禁大水漫灌。发病期，适当控制浇水，降低土壤湿度。进行农事操作时应严防伤根造成伤口。增施磷钾肥，提高植株抗病力。发现病株，及时拔除，带出地外深埋或烧毁，病穴处撒石灰粉或灌注2%甲醛液消毒。

2）药剂防治。发病初期可用以下药剂防治：86.2%氧化亚铜水分散粒剂1000～1500倍液、46.1%氢氧化铜水分散粒剂1500倍液、27.13%碱式硫酸铜悬浮剂800倍液、47%加瑞农可湿性粉剂800倍液、50%琥胶肥酸铜可湿性粉剂500倍液、88%水合霉素可溶性粉剂1500～2000倍液、3%中生菌素可湿性粉剂1000～1200倍液、20%噻菌铜悬浮剂1000～1500倍液、20%叶枯唑可湿性粉剂600～800倍液、33%喹啉酮悬浮剂800～1000倍液、14%络氨铜水剂300倍液、60%琥铜·乙膦铝可湿性粉剂600倍液、47%春雷·氧氯化铜可湿性粉剂700倍液、72%农用链霉素可湿性粉剂3000～4000倍液、枯草芽孢杆菌（1×10^{9}CFU/mL）可湿性粉剂600倍液等，灌根处理，每株用量300～500mL，视病情每7～10天防治1次。

9. 番茄病毒病

【病原】 番茄病毒病的病原有20多种，主要包括黄瓜花叶病毒、烟草花叶病毒、黄化曲叶病毒、马铃薯Y病毒等。

【类型】 番茄病毒病有五类，花叶型、蕨叶型、条斑型、卷叶型和黄化卷叶型。

1）花叶型：病原为烟草花叶病毒，发生最为普遍。常见症状有2种：一是叶片上呈现出黄绿色相间或绿色深浅相间的斑驳，植株生长发育正常，叶片不变小，畸形较轻，对产量影响不大。另一种是叶片有明显花叶疱斑，新叶变小，叶片细长狭窄或扭曲畸形，植株较弱，果实少而小，着色不均匀，病株花芽分化能力弱，落花落蕾严重（彩图18）。

2）蕨叶型：病原为黄瓜花叶病毒，症状表现为植株矮化、上部叶片黄绿色，并直立上卷，呈线状，中下部叶片微卷，花冠增大成

巨花，由于新叶叶肉组织退化而形成极为纤细扭曲的线状叶片。腋芽长出的侧枝均生蕨叶状小叶，节间缩短，呈簇状，俗称“鸡爪叶”或“鸡爪疯”（彩图19）。

3）条斑型：病原为进行复合侵染的烟草花叶病毒和黄瓜花叶病毒，植株上部叶片初显花叶或变黄绿色，后叶片产生褐色斑或云斑。茎蔓染病产生褐色斑块，后变为黑褐色油渍状坏死条斑，逐渐蔓延，导致病株萎蔫枯死（彩图20）。果实染病，果面散布不规则褐色下陷的油渍状斑块，变色部分不深入果实内部，果实僵硬、畸形，失去食用价值（彩图21）。

4）卷叶型：病原为烟草曲叶病毒（TLCV），病株顶部叶片生长受到抑制，叶脉间黄化，叶片边缘向上方弯卷，小叶扭曲、畸形，植株萎缩或丛生（彩图22）。

5）斑萎型：苗期染病，叶片呈铜色上卷，叶面产生较多小黑斑，叶背沿叶脉呈紫色，生长点坏死或茎端形成褐色坏死条斑，病株矮化，不易结果。果实染病，果面出现褪绿环斑，后变为褐色坏死斑，果实易脱落。成熟果实染病，褪绿斑轮纹明显，红白或黄白相间，严重者果实僵缩，脐部症状与脐腐病类似。

【注意】 番茄斑萎型病毒病，成熟果实发病的脐部症状与脐腐病类似，但其病果表皮常变褐坏死有别于脐腐病，管理上应注意区分。

【发病规律】

番茄种子带毒或苗期感病潜隐，定植后在生长发育进入秋末冬初时期，20～25℃的温度条件较利于病毒病的扩散传播，10月下旬～11月上旬番茄植株第1穗果进入膨大期，第2、3穗果坐住时，病毒病出现发病高峰。高温、干旱条件下，蚜虫、白粉虱发生严重时发病较重。其传染呈现以下特点。

1）种子带毒传染。番茄种子及种子表面附着的果肉残屑携带有病毒，多数菜农在种子处理时不进行杀病毒药剂浸种，误认为温汤浸种就能杀死附着在种子及其表面上的病毒，种子带毒成为病毒病初侵染源。

2）带毒虫媒传染。通过有翅蚜、白粉虱相互迁飞栖息为害，传播病毒。

3）伤口传染。番茄在育苗、分苗、定植及管理过程中容易造成植株茎、叶组织破损，病毒极易通过伤口侵入。

4）设施工具带毒。经连年蔬菜种植，棚室内土壤、墙体、钢架、各种药械、工具，特别是番茄架竿和菜农穿着的衣服等都带有大量的病毒。尤其是烟草花叶病毒对环境条件耐受性强，在90～93℃条件下需要10min才能钝化，在寄主体外可存活数月以上，一旦条件适宜，可通过植株茎叶伤口侵入，引发病毒病。

5）管理不当。定植前苗床高温干旱，苗床留置时间过长，植株个体发育不良，缺肥等均可导致番茄苗生长过弱，抗性降低，易引发病毒病。定植后，秋季室温过高，为抑苗徒长控水蹲苗时间过长，蚜虫、白粉虱等虫害不能及时控制和防治，均易导致病毒病的扩散蔓延。

【防治方法】

1）农业防治。

① 选用抗病品种。棚室栽培应选用抗病性强、生长势旺盛的无限生长型中晚熟品种。如晋番茄1号、鲁番茄3号、中蔬4号、佳粉10号、合作908、合作919、毛粉802、L～402等品种。露地栽培则可选用早熟自封顶型番茄品种，如霞粉、西粉1号、鲁番茄5号、合作903、东农705、苏抗11号等。

② 种子处理。播种前用清水浸种3～4h，洗净附着在种子表面的果肉残屑和黏液，后用10%磷酸三钠溶液浸泡40～45min，捞出后用清水冲洗干净，然后进行催芽处理。

③ 苗床处理。按80%肥沃园土和20%腐熟的有机肥配制苗床土，每立方米加入过磷酸钙1kg、硫酸钾复合肥1kg、50%多菌灵可湿性粉剂8～10g，搅拌均匀，摊平压实成床，然后用40%福尔马林300倍液喷洒床面。苗床上方设置遮阳网，控制苗床温度，创造适宜的温度环境，同时适时浇水，适期分苗，精细管理，培育壮苗。苗床、温室内增设防虫网。

④ 加强管理。定植后，要适当缩短蹲苗期。第1穗果坐住后，及时灌水。前期适当晚打杈，以促进根系发育，减少或推迟人、手

接触传染的机会。果实挂红时，应提早采收，调节植株营养分配，减缓生殖生长和营养生长的矛盾，增强植株耐病性。管理中发现中心病株及时拔除，将病苗带出室外掩埋或焚烧处理，并对周围植株喷洒抗病毒药剂。

2）药剂防治。

① 蚜虫、白粉虱是病毒传播的主要媒介，可用以下杀虫剂进行喷雾防治：240g/L螺虫乙酯悬浮剂4000～5000倍液、10%吡虫啉可湿性粉剂1000倍液、3%啶虫脒乳油2000～3000倍液、25%噻虫嗪可湿性粉剂2500～5000倍液、2.5%氯氟氰菊酯水乳剂1500倍液、10%烯啶虫胺水剂3000～5000倍液。

② 使用病毒钝化剂、增抗剂。钝化剂：把豆浆、奶粉等高蛋白物质稀释成100倍液，每10天喷施1次，连喷3次，可减少病毒病的发生。增抗剂：可用83增抗剂稀释成100倍液，在定植前15天和定植前2天各喷施1次，定植半月后再喷施1次，可减轻病毒侵染，具有抗病增产的效果。

③ 发病前或初期用药剂防治。可用20%吗啉胍·乙酸铜可湿性粉剂500～800倍液、4%嘧肽霉素水剂200～300倍液、2%宁南霉素水剂300～500倍液、7.5%菌毒·吗啉胍水剂500～700倍液、1.5%硫铜·烷基·烷醇水乳剂300～500倍液、3.95%吗啉胍·三氮唑核苷可湿性粉剂800～1000倍液、20%盐酸吗啉胍可湿性粉剂500倍液，或用复方制剂，如20%吗啉胍·乙酸铜可湿性粉剂800倍液+15%硫铜·烷基·烷醇水乳剂500倍液+硫酸锌300～500倍液+高锰酸钾1000倍液+0.01%芸薹素内酯乳油200倍液等，兑水喷雾，视病情5～7天防治1次。同时为尽快控制病毒病的蔓延和发病植株的恢复转壮，防治时应采取综合治理措施，可配合叶面补肥喷施0.01%芸薹素内酯乳油3000倍液或复硝酚钠6000倍液等调节剂类药剂，5～7天喷1次，连喷3次。

10. 番茄黄化曲叶病毒病

【病原】 黄化曲叶型病毒。此病属于番茄病毒病的一种。与其他病毒病相比，该病具有暴发突然、扩展迅速、危害性大、无法治疗的特点，是一种毁灭性的番茄病害。因此本书将其作为单列病害介绍。

【症状】 发病植株生长迟滞矮化。顶部新叶变小，呈褶皱簇状，叶脉间褪绿或黄化，边缘上卷，叶厚脆硬。幼苗染病植株严重矮缩，开花结果异常。成株染病的植株仅上部叶和新芽表现症状，中下部叶片及果实一般无影响。发病番茄多不能开花结果，发病轻者坐果数少，膨果速度慢，成熟期果实转色慢且不均匀，果实硬小，部分果实开裂或表皮褐化，失去商品价值（彩图23）。

【发病规律】 在苗期和花果期均可发生。番茄植株机械摩擦和种子不传毒，嫁接可致传毒。该病毒的主要传毒介体是烟粉虱，获毒后可终生传毒。其他发生规律参见本节9. 番茄病毒病。

【防治方法】

1）选用抗病番茄品种，培育无虫无毒苗，减少病毒源。目前研发和推广的番茄新品种多含有野生番茄的抗病毒基因（TY-1、TY-2、TY-3、TY-4、TY-5），具有一定的病毒抗性，种植者可综合考虑黄化曲叶病毒抗性和其他性状选择适合当地栽培的番茄新品种，如迪芬妮、欧冠、中寿11-3、齐达利、迪兰尼等。

2）防治烟粉虱，切断传播途径。因烟粉虱成虫有趋黄色特性，可在田间高处设黄板诱杀，每亩需设置50～60块。烟粉虱的化学防治参见本节9. 番茄病毒病。

3）整枝、打杈、摘果时，需先处理健株，后拔除病株（深埋处理），手和工具要充分消毒，减少人为传播。

4）据观察，长势旺盛的番茄发病率明显降低，故可在发病初期采用病毒抑制剂和生长促进剂配合施用的方法，促进植株健壮生长，减少发病损失。可用15%菌毒·烷醇可湿性粉剂500～800倍液、20%吗啉胍·乙酸酮可湿性粉剂500～800倍液，配施芸薹素内脂、氨基酸、腐殖酸及微量元素叶面肥等。也可用20%吗啉胍·乙酸酮、芸薹素内酯、复硝酸钠、碧欧叶面肥等配合施用，具体用法参照药剂使用说明书。

总之，黄化曲叶病毒目前没有很好的药剂防治方法，最有效的预防措施是选用抗病品种。另外就是严格控制传毒媒介——烟粉虱。

11. 番茄根结线虫病

【病原】 南方根结线虫，属动物界线虫门。

【症状】 主要为害根部。受害根部肿起，形成不规则的瘤状物，初为白色，后呈黄褐色至黑褐色。由于破坏了根系的正常机能，高温干旱时病株出现萎蔫，严重时植株枯死（彩图24）。

【发病规律】 根结线虫以2龄幼虫或卵随病根在土壤中越冬，第二年条件适宜时越冬卵孵化为幼虫，幼虫侵入番茄幼根，刺激根部细胞增生成根结或根瘤。根结线虫虫瘿主要分布于20cm表土层内，3~10cm最多。病原线虫具有好气性，活动性不强，主要通过病土、病苗、灌溉和农具等途径传播。温度25~30℃、相对湿度40%~70%条件下线虫病易发生流行。高于40℃、低于5℃时活动较少，55℃下经10min可致死。连作地块、沙质土壤、棚室等发生较严重。

【防治方法】

1）农业防治。在线虫病重发区选用抗线虫品种，如耐莫尼塔、FA-1420、佳红6号等。发病地块提倡实行轮作，棚室番茄夏季换茬时可与禾本科作物糯玉米、甜玉米等轮作，生产效益良好。采用无病土育苗和深耕翻晒土壤可减少虫源。收获后及时彻底清除病残体。

2）物理防治。7~8月或定植前1周进行高温闷棚结合石灰氮土壤消毒、淹水等可降低病害发生。

3）生物防治。利用生防制剂，如沃益多微生物菌等可减缓病虫危害。

4）嫁接防病。可利用抗线虫砧木托鲁巴姆、SIS-1或线绝1号等，采用劈接法或插接法嫁接，嫁接苗在抗线虫的同时还可兼抗番茄枯萎病、根腐病等。

5）药剂防治。可结合整地采用下列药剂进行土壤处理：5%阿维菌素颗粒剂3~5kg/亩、98%棉隆微粒剂3~5kg/亩、10%噻唑磷颗粒剂2~5kg/亩、5%硫线磷颗粒剂3~4kg/亩、5%丁硫克百威颗粒剂5~7kg/亩等。生育期间发病，可用1.8%阿维菌素乳油1000倍液灌根，每株250mL，每隔5~7天防治1次。

12. 番茄立枯病

【病原】 立枯丝核菌，属半知菌亚门真菌。

【症状】 幼苗期发病，病苗茎基变褐，后病部收缩细缢，茎叶萎垂枯死；稍大幼苗白天萎蔫，夜间恢复，当病斑绕茎一周时，幼苗逐渐枯死，一般不倒伏。病部初生椭圆形暗褐色斑，具同心轮纹及浅褐色蛛丝状霉。

【发病规律】 病菌以菌丝体或菌核在土壤中或病残体中越冬或越夏，一般在土壤中可存活 2～3 年。条件适宜时，病菌从伤口或由表皮直接侵入幼茎基部引发病害。病菌随雨水、灌溉水、农具及带菌堆肥传播蔓延。病菌适宜温度范围较宽，最低温度为 13～15℃，最高温度为 40～42℃，发育适温为 24℃。阴雨多湿，土壤黏重，重茬种植，播种密度过大及高温均易诱发此病（彩图 25）。

【防治方法】

1）农业防治。加强苗床管理，注意提高地温，科学放风，防止苗床或育苗盘高温、高湿。

2）种子处理。每千克种子与 95% 噁霉灵可湿性粉剂 0.5～1g 和 80% 多·福·福锌可湿性粉剂 4g 拌种。

3）药剂防治。发病前可采用下列药剂预防：70% 噁霉灵可湿性粉剂 800～1000 倍液或 20% 氟酰胺可湿性粉剂 600～1000 倍液，兑水喷淋苗床，每隔 7～10 天 1 次。

发病初期，可采用下列药剂防治：72.2% 霜霉威盐酸盐水剂 600 倍液、69% 烯酰·锰锌可湿性粉剂 800 倍液、20% 甲基立枯磷乳油 800～1000 倍液 +75% 百菌清可湿性粉剂 600 倍液、15% 噁霉灵水剂 500～700 倍液 +25% 咪酰胺乳油 800～1000 倍液等。兑水浇灌茎基部，视病情 5～7 天防治 1 次。猝倒病、立枯病混合发生时，可用 72.2% 霜霉威盐酸盐水剂 800 倍液 +50% 福美双可湿性粉剂 800 倍液喷淋苗床，每平方米 2～3L，视病情隔 7～10 天防治 1 次，连续 2～3 次。

【小窍门】>>>>

番茄播种时应浇足底水，出苗前尽量以不浇水为宜。如果苗期浇水过多，又遇阴雨天则极易诱发此病。

13. 番茄猝倒病

【病原】 瓜果腐霉，属鞭毛菌亚门真菌。

【症状】 猝倒病多发生于苗期，病菌侵染后，幼茎基部产生水渍状暗色斑，继而绕茎扩展，逐渐缢缩呈细线状，黄褐色，幼苗在叶片尚未凋萎前倒伏。苗床湿度大时，在病苗或其附近床面上常密生白色棉絮状菌丝（彩图26）。

【发病规律】 病菌以卵孢子随病残体在土壤表土层中越冬，条件适宜时萌发产生孢子囊释放游动孢子或直接长出芽管侵染幼苗。借助雨水、灌溉水传播。病菌生长适温为15～16℃，适宜发病地温10℃，苗期遇低温高湿、连阴雨、光照不足等条件易于发病。幼苗生长弱，育苗期遇寒流侵袭，放风不合理等会加重病害。猝倒病多在幼苗长出1～2片真叶期发生，3片真叶后发病较少。

【防治方法】

1）农业防治。采用快速育苗或无土育苗法。做好苗床穴盘及棚室的消毒。选择晴天浇水，不宜大水漫灌。加强苗期温度、湿度管理，及时放风降湿，防止出现10℃以下低温高湿环境。

2）床土处理。每平方米床土用50%福美双可湿性粉剂、25%甲霜灵可湿性粉剂、40%五氯硝基苯粉剂或50%多菌灵可湿性粉剂8～10g拌入10～15kg细土中配成药土，播种前撒施于苗床营养土中。出苗前应保持床土湿润，以防药害。也可在整畦后，每隔30cm将2～4mL三氯硝基甲烷深施于畦内10～15cm处，边施边盖土，待全部施完后，再用地膜盖严畦面，闷床1周充分放气（12～15天）后播种。

3）药剂防治。发现病株应及时拔除。发病初期可用以下药剂防治：72.2%霜霉威盐酸盐水剂800～1000倍液、15%噁霉灵水剂1000倍液、84.51%霜霉威·乙膦酸盐可湿性水剂800～1000倍液、687.5g/L氟哌菌胺·霜霉威悬浮剂800～1200倍液、69%烯酰吗啉可湿性粉剂600倍液、64%噁霜·锰锌可溶性粉剂500倍液、72%霜脲·锰锌可湿性粉剂600倍液、58%甲霜·锰锌可湿性粉剂500倍液等，兑水喷淋苗床，视病情每7～10天防治1次。

14. 番茄黑斑病

【病原】 茄斑链格孢，半知菌亚门真菌。

【症状】 番茄黑斑病又称钉头斑病、指斑病。主要为害果实、叶片和茎，近成熟时果实易发病。果实染病，果面产生一个或几个大小不等的病斑，呈灰褐色或褐色，圆形至椭圆形，稍凹陷，边缘明显，湿度大时斑面生黑色霉状物，即分生孢子梗和分生孢子，后期病果腐烂（彩图27）。

【发病规律】 病菌以菌丝体或分生孢子丛和分生孢子随病残体在土壤中越冬，第二年条件适宜时以分生孢子借气流传播蔓延，进行初侵染和再侵染。该菌寄生性较弱，寄主范围广，通常植株生长衰弱或果实有伤口时侵染易产生危害。病菌喜高温、高湿环境，发病适温为25～30℃，相对湿度85%以上利于发病，因此浙江及长江中下游地区番茄黑斑病的发病盛期为5～6月。地势低洼，管理粗放，肥水不足，植株生长弱的田块发病重；年度间高温多雨的年份发病严重。

【防治方法】

1）农业防治。提倡高垄覆膜、膜下暗灌栽培。科学调控肥水，避免湿度过大，使植株稳健生长，防止早衰。农事操作时尽量减少番茄果实受伤，发现病果及时摘除，并集中处理。收获后及时清洁田园，翻耕晒土。

2）种子消毒。可用50℃温水浸种30min或用种子质量0.3%的福美双或50%的灭菌丹拌种。

3）药剂防治。发病初期可用以下药剂防治：50%异菌脲可湿性粉剂1000倍液、58%甲霜·锰锌可湿性粉剂500倍液、80%代森锰锌可湿性粉剂800倍液、64%氢铜·福美锌可湿性粉剂1000倍液、40%克菌丹可湿性粉剂400倍液、10%苯醚甲环唑水分散粒剂1500倍液、40%烯酰吗啉水分散颗粒剂500倍液、25%溴菌腈可湿性粉剂1000倍液、20%唑菌胺酯水分散粒剂1500倍液等，兑水喷雾，视病情每7～10天防治1次。保护地种植也可采用5%百菌清粉尘剂或5%加瑞农粉尘剂1kg/亩喷粉防治。

15. 番茄煤污病

【病原】 多主枝孢和大孢枝孢，属半知菌亚门真菌。

【症状】 主要为害叶片和果实，多在白粉虱、蚜虫为害严重的

棚室内发生。多从植株下部叶片开始发病，发病初期叶片表面产生浅黄绿色圆形或不规则病斑，后扩展为大小不等的圆形黑点霉斑，严重时黑褐色霉状物覆满叶面（彩图28）。果实上霉斑稍小，炭黑色，霉斑层薄，用手可抹去。

【发病规律】 病菌主要以菌丝体和分生孢子随病残体在土壤中越冬。在田间分生孢子可借风雨及蚜虫、白粉虱等害虫传播。病菌对温度要求不严格，但要求高湿度。植株郁闭，灌水过多，遇雨天或连阴天，光照不足等有利于病害发展。

【防治方法】

1）农业防治。掌握适宜密度，保证株间通透性良好。合理灌水，雨后及时排水，防止湿气滞留。保护地栽培提倡膜下软管渗灌或滴灌，降低空气湿度。及时防治蚜虫、白粉虱。

2）药剂防治。发病初期可用以下药剂防治：50%苯菌灵可湿性粉剂1500倍液、50%多霉灵（多菌灵+乙霉威）可湿性粉剂1500倍液、10%苯醚甲环唑水分散粒剂1000倍液、70%甲基硫菌灵可湿性粉剂500~800倍液、40%多菌灵胶悬剂600倍液、40%灭菌丹可湿性粉剂400倍液等，兑水喷雾，视病情每7~10天防治1次。

16. 番茄灰叶斑病

【病原】 茄匐柄霉菌，属半知菌亚门真菌。

【症状】 主要为害叶片。发病初期叶面布满暗绿色圆形或近圆形小斑点，后沿叶脉向四周扩大，呈不规则形，中部渐褪为灰白至灰褐色，边缘为褐色。病斑稍凹陷，多较小，极薄，后期易破裂、穿孔或脱落（彩图29）。果实染病产生大型圆形凹陷斑，初生白毛，后逐渐变为褐色，最后变为黑色，引发果实腐烂。

【发病规律】 该菌随病残体在土壤中或附着于种子上越冬。第二年温、湿度适宜时产生分生孢子进行初侵染。分生孢子借风雨传播进行再侵染，温暖潮湿、阴雨天及叶片结露持续时间长是发病的重要条件。一般土壤肥力不足，植株生长衰弱发病重。

【防治方法】

1）农业防治。选用抗病品种。加强田间管理，增施有机肥及磷钾肥，增强寄主抗病力。收获后及时清除病残体，集中烧毁。棚室宜上午浇水，并及时通风降湿。

2）药剂防治。发病初期可用以下药剂防治：75%百菌清可湿性粉剂600倍液、77%氢氧化铜可湿性粉剂400~500倍液、40%克菌丹可湿性粉剂500倍液、50%异菌脲可湿性粉剂500倍液、50%混杀硫悬浮剂500倍液、10%苯醚甲环唑水分散粒剂1000倍液等，兑水喷雾，视病情每7~10天防治1次。

【提示】 番茄灰叶斑病在药剂防治的同时，及时追施硫酸钾肥效果会更佳。

17. 番茄白粉病

【病原】 鞑靼内丝白粉菌，属子囊菌亚门真菌。

【症状】 多发生于番茄生长后期，主要为害叶片、叶柄、茎和果实。叶片染病，叶面初现白色霉点，散生，后逐渐扩大成白色粉斑，并互相连合为大小不等的白粉斑，严重时整个叶面被白粉所覆盖，像被撒上一薄层面粉，故称白粉病（彩图30）。叶柄、茎部、果实等部位染病，病部表面也出现白粉状霉斑。

【发病规律】 病菌以菌丝体或菌囊壳随寄主植物或病残体越冬，第二年春产生子囊孢子或分生孢子，借气流传播形成初侵染和再侵染。发病适温为20~25℃，适宜湿度为80%左右，湿度较小时也可发病。田间郁闭，温暖潮湿，昼夜温差大，叶片结露，连作地块发病较重。病菌孢子耐旱力特强，在高温干燥天气也可侵染致病。

【防治方法】

1）农业措施。适当增施生物菌肥和磷、钾肥，避免过量施用氮肥。加强田间管理，及时通风换气，降低湿度。收获后及时清除病残体，并进行土壤消毒。

2）药剂防治。发病初期可用以下药剂防治：25%嘧菌酯悬浮剂1500倍液、10%苯醚甲环唑水分散粒剂2500~3000倍液、25%乙嘧酚悬浮剂1500~2500倍液、62.25%腈菌唑·代森锰锌可湿性粉剂600倍液、12%腈菌唑乳油2000~3000倍液、32.5%苯醚甲环唑·嘧菌酯悬浮剂3000倍液、10%苯醚菌酯悬浮剂1000~2000倍液、300g/L醚菌·啶酰菌悬浮剂2000~3000倍液、40%氟硅唑乳油

4000～5000 倍液等，兑水喷雾，视病情 5～7 天防治 1 次。棚室栽培番茄可每次用 10% 多百粉尘剂 1kg/亩或 45% 百菌清烟剂 250g/亩熏烟防治。

18. 番茄绵疫病

【病原】 寄生疫霉、辣椒疫霉、茄疫霉，均属鞭毛菌亚门真菌。

【症状】 全生育期均可发病，可为害果实、茎和叶。未成熟的果实发病初期在近果顶出现浅褐色斑，长有少许白霉，后逐渐形成同心轮纹状斑，渐变为深褐色，皮下果肉也变褐，造成果实脱落，湿度大时，病部长出白色霉状物。受害严重时，果梗也受害萎缩，菜农俗称“面了把”（彩图 31）。病果多保持原状，不软化，易脱落。叶片染病，叶面产生水浸状、大型褪绿斑，逐渐腐烂，有时可见到同心轮纹。

【发病规律】 病菌以卵孢子或厚垣孢子随病残体在田间越冬，成为第二年的初侵染源。病菌借雨水溅到近地面的果实上，萌发侵入果实发病，病部产生孢子囊，游动孢子通过雨水、灌溉水传播再侵染。发病适温为 30℃，相对湿度高于 95% 利于发病。7～8 月高温多雨季节及低洼地、土质黏重地块发病重。

【防治方法】

1）农业防治。有条件地区，实行与非茄科作物进行 1～2 年轮作或选择 2 年以上未种过茄科蔬菜的地块育苗。加强栽培管理，提倡覆膜栽培，避免灌水后或雨后积水，夏季大雨后暴晴可浇清水以降低田间温度，避免造成湿热小气候。重施底肥，适时追肥，增施磷、钾肥，促进植株健壮提高抗病力。及时整枝打杈，摘除老叶、病果，使植株通风透光。

2）药剂防治。发病初期可用以下药剂防治：58% 甲霜·锰锌可湿性粉剂 400 倍液、70% 乙膦铝·锰锌可湿性粉剂 500 倍液、72% 霜脲·锰锌可湿性粉剂 700 倍液、25% 醚菌酯悬浮剂 800 倍液、69% 烯酰·锰锌可湿性粉剂 700 倍液、40% 乙膦铝可湿性粉剂 200 倍液、25% 甲霜灵可湿性粉剂 800 倍液、66.8% 丙森·异丙菌胺可湿性粉剂 700 倍液等，兑水喷雾，视病情 5～7 天防治 1 次。

19. 番茄炭疽病

【病原】 番茄刺盘孢，属半知菌亚门真菌。

【症状】 主要为害成熟果实。受害果实初生水渍状透明小斑点，扩大后呈黑色，略凹陷，具同心轮纹，其上密生黑色小点，即病菌分生孢子盘（彩图 32）。湿度大时，后期病斑密生粉红色黏稠状小点，病斑常呈星状开裂，后致使果实腐烂或脱落。

【发病规律】 病菌随病残体在土壤中或附着于种子上越冬。第二年条件适宜时产生分生孢子，分生孢子萌发长出芽管从果实的皮孔或伤口处进行初侵染，借风雨、灌溉水及昆虫传播进行再侵染。病菌发育适温为 25～32℃，最高 34℃，最低 6～7℃。多雨、露重、湿度大有利于病菌侵染。土壤黏重或地势低，种植过密，管理粗放以及田间通风透光性差等可加重病害发生。

【防治方法】

1）农业防治。收获后做好清园工作，销毁病残体。深翻晒土，结合整地施足量优质有机底肥。采用高畦深沟栽植。精心管理，及时整枝、打杈、绑蔓，勤除草以利于田间通风降湿。果实成熟后适时采收，病果带出田外及时销毁。

2）药剂防治。可于绿果期喷施保护剂预防。发病初期可用以下药剂防治：80% 炭疽福美（福美双·福美锌）可湿性粉剂 800 倍液、10% 苯醚甲环唑水分散粒剂 800～1000 倍液、20% 唑菌胺酯水分散粒剂1000～1500 倍液、25% 溴菌·多菌灵可湿性粉剂 500 倍液、70% 福·甲·硫黄可湿性粉剂 600 倍液、25% 溴菌腈可湿性粉剂 500 倍液、30% 氧氯化铜悬浮剂 500 倍液、6% 氯苯嘧啶醇可湿性粉剂 1500 倍液、70% 甲基硫菌灵可湿性粉剂 600 倍液、25% 丙环唑乳油 1000 倍液等，兑水喷雾，视病情 5～7 天防治 1 次。

20. 番茄白绢病

【病原】 齐整小核菌，属半知菌类亚门真菌。

【症状】 多从植株茎基部发病，初期形成暗色病斑，扩大后稍凹陷，病部产生白绢丝状菌丝，集结成束，向茎的上部辐射延伸，土壤潮湿时地表菌丝向四周发展。受害后病株茎基和根部皮层腐烂，木质部外露，叶片发黄，植株萎蔫直至整株死亡（彩图 33）。

【发病规律】 主要以菌核或菌丝体在土壤中越冬，第二年条件

适宜时菌核萌发产生菌丝，从寄主茎基部或根部侵入，潜育期3～10天。借雨水、灌溉水、肥料及农事操作等传播蔓延。病菌发育适温为32～33℃，最高40℃，最低8℃，耐酸碱度范围为pH 1.9～8.4，最适pH为5.9。菌核抗逆性强，耐低温，不耐干燥。南方6～7月高温潮湿，菜地湿度大或栽植过密，行间通风透光不良，施用未充分腐熟的有机肥及连作地发病重。

【防治方法】

1）农业防治。发病严重地块，可与禾本科类作物实行4～5年轮作，与水田轮作最好，一茬即可见效。加强田间管理，及时拔除病株，每病穴灌注45%代森铵水剂400倍液250mL或撒石灰粉。番茄拉秧后清洁田园，深翻土壤，整地前亩施石灰粉75～100kg。

2）药剂防治。发病初期用50%异菌脲可湿性粉剂、70%五氯硝基苯可湿性粉剂或20%甲基立枯磷可湿性粉剂1份，兑细土100～200份，撒施于病部根茎处。也可采用45%代森铵水剂2000倍液、50%腐霉利可湿性粉剂1000倍液、40%五氯硝基苯悬浮液400倍液、30%苯醚甲·丙环唑乳油3000～5000倍液、40%多·硫悬浮剂500～600倍液、35%甲基硫菌灵悬浮剂500倍液、50%混杀硫悬浮剂500倍液、50%硫黄悬浮剂250～300倍液，兑水喷雾，每7～10天防治1次。

21. 番茄茎基腐病

【病原】 立枯丝核菌，属半知菌亚门真菌。

【症状】 多在结果期发病，主要为害茎基部或地下主侧根。发病初期，茎基部无明显病变，后逐渐变为浅褐色或暗褐色，以后绕茎基部扩展一周，病部皮层腐烂，干缩（彩图34）。地上部叶片变黄、萎蔫，后期整株枯死，病部表面常形成黑褐色大小不一的菌核，有别于早疫病。

【发病规律】 该病属于土传病害，以菌丝体或菌核随病残体在土壤中越冬。病菌腐生性强，可以在土中生存2～3年。菌丝生长适温为32℃，最高36℃，最低4℃。苗期大水漫灌，地温过高，植株长势弱时最易发病。

【防治方法】

1）农业防治。提倡穴盘或营养钵育苗，育苗期苗床换用新土或用甲醛:高锰酸钾为2:1的比例对土壤消毒。播种前先用55℃水浸种10～15min，然后用0.1%高锰酸钾浸种后播种。定植时要注意剔除病苗，幼苗定植时不宜过深，雨天及时排除地上积水，培土不宜过高。定植前清除田间病残体，同时结合深耕撒施多菌灵、百菌清、敌磺钠等广谱性杀菌剂进行土壤消毒。与非茄科作物实行3年以上轮作。切忌大水漫灌，发现地温过高，应扒开茎基部土壤晾晒散湿。

2）药剂防治。发现病株及时防治，发病初期可采用以下药剂防治：20%甲基立枯磷乳油1200倍液、70%甲基硫菌灵可湿性粉剂800～1000倍液、40%拌种双（拌种灵·福美双）粉剂800倍液、50%腐霉利可湿性粉剂1000～1200倍液等。每株250mL灌根，视病情每7～10天防治1次。

【注意】 番茄茎基腐病喷雾效果不佳，防治应以灌根为主。发病较重时，可用小刷子蘸取40%五氯硝基苯粉剂200倍液、50%福美双可湿性粉剂200倍液等涂抹茎基部或每平方米表土施用40%拌种双可湿性粉剂9g，充分混匀后，覆盖病部，防效较好。

22. 番茄细菌性髓部坏死病

【病原】 皱纹假单胞菌，属细菌。

【症状】 属于系统性侵染病害，主要为害茎、枝和叶、果，多在结果期发病。发病初期嫩叶褪绿，严重时植株上部褪绿和萎蔫，伴随着下部茎的坏死，病茎表面产生褐色至黑褐色斑，外部变硬，纵剖病茎可见髓部变为黑色或出现坏死，干缩中空，维管束褐变，髓部发生病变的地方可发生不定根（彩图35）。生产上当下部茎被侵染时，常造成全株死亡。湿度大时菌脓从茎伤口和不定根溢出，有别于溃疡病。

【发病规律】 病菌随病残体在土壤中越冬。病菌借雨水、灌溉水及农事操作传播、蔓延。病菌主要由伤口侵入，在田间病害发展速度很快，条件适宜时易大面积发生、流行。病菌喜温、湿环境，多在夜温较低、湿度较大的条件下发生，高温、多雨加重病害。偏施氮肥，茎柔嫩则植株易受侵染而发病。连作、排水不良地块发病重。

【防治方法】

1）农业防治。在发病地块避免连作，可与非茄科蔬菜轮作2~3年。施用经充分腐熟的有机肥，不偏施、过量施用氮肥，增施磷钾肥。棚室提倡高垄覆膜栽培，灌溉后及时通风降湿，露地栽培雨后及时排除积水。避免在阴雨天气整枝、打杈。发现病株及时拔除至田外深埋或烧毁。

2）药剂防治。发病初期可用以下药剂防治：86.2%氧化亚铜水分散粒剂1000~1500倍液、46.1%氢氧化铜水分散粒剂1500倍液、27.13%碱式硫酸铜悬浮剂800倍液、47%加瑞农可湿性粉剂800倍液、50%琥胶肥酸铜可湿性粉剂500倍液、88%水合霉素可溶性粉剂1500~2000倍液、3%中生菌素可湿性粉剂1000~1200倍液、20%噻菌铜悬浮剂1000~1500倍液、20%叶枯唑可湿性粉剂600~800倍液、14%络氨铜水剂300倍液、60%琥铜·乙膦铝可湿性粉剂600倍液、47%春雷·氧氯化铜可湿性粉剂700倍液、72%农用链霉素可湿性粉剂3000~4000倍液等，兑水喷雾，5~7天防治1次。

【注意】 早春茬棚室栽培番茄第1穗果膨大初期，气候条件适宜细菌性髓部坏死病发病、流行，应注意提前进行药剂预防。

23. 番茄疮痂病

【病原】 黄单胞菌辣椒疮痂致病变种，属细菌。

【症状】 主要为害茎、叶和果实。近地老叶先发病，发病初期叶背出现水浸状小斑，逐渐扩展为近圆形或联结成不规则形黄褐色病斑，粗糙不平，病斑周围有褪绿晕圈，后期干枯质脆。茎部先出现水浸状褪绿斑点，后上下扩展成长椭圆形、中央稍凹陷的黑褐色病斑，病部稍隆起，裂开后呈疮痂状。幼果和青果染病，果面初生圆形的白色小点，后中间凹陷成暗褐色隆起环斑，病斑近圆形，粗糙，逐渐木栓化，易落果（彩图36）。

【发病规律】 病原细菌随病残体在土壤中或附着于种子表面越冬，第二年春条件适宜时借风雨、昆虫传播到番茄叶、茎或果实上，从伤口或气孔侵入，在细胞间繁殖为害。病菌侵染叶片潜育期3~6天，侵染果实潜育期5~6天。高温、高湿、阴雨天是发病的重要条件。管理粗放，植株衰弱，有钻蛀性害虫及暴风雨造成伤口时发病重。

【防治方法】

1）农业防治。建立无病种子田，确保种子不带菌是杜绝病害传播的根本措施。重病田实行2~3年轮作。加强田间管理，及时整枝打杈，通风透光等。

2）种子处理。用1%次氯酸钠溶液+500倍液的云大120浸种20~30min，再用清水冲洗干净后催芽播种。

3）药剂防治。参考本节22. 番茄细菌性髓部坏死病的防治方法。

【提示】 棚室栽培番茄采用中生菌素配施喹啉铜或叶枯唑配施中生菌素实践应用效果良好，生产中可加以推广。

24. 番茄软腐病

【病原】 胡萝卜软腐欧文氏杆菌胡萝卜致病变种，属细菌。

【症状】 主要为害茎和果实。茎部染病多始于整枝、打杈造成的伤口，一般近地面茎首先出现水渍状污绿斑，后扩大为圆形或不规则形褐斑，严重的髓部腐烂，失水后茎部染病组织干缩中空，维管束保持完整，病茎上端枝叶萎蔫，叶色变黄。果实染病，多发于伤口处，初期病斑为圆形褪绿色小白点，后变为污褐色斑，逐渐扩展至整个果面。果皮虽保持完整，但内部果肉腐烂，有恶臭（彩图37）。

【发病规律】 病菌随病残体在土壤中越冬。第二年条件适宜时借风雨、灌溉水及昆虫传播，由伤口侵入。病菌侵入后分泌果胶酶溶解细胞中胶层，导致细胞解离，细胞内水分外溢而引发病部组织腐烂。潮湿、阴雨和多狂风的天气或露水未干时整枝、打杈及地块虫伤多时发病重。

【防治方法】

1）农业防治。适时整枝、打杈，避免阴雨天或露水未干之前整枝。及时防治蛀果害虫，减少虫伤，并防止果实日灼。

2）药剂防治。参考本节22. 番茄细菌性髓部坏死病的防治方法。

25. *番茄溃疡病*

【病原】 密执安棒杆菌密执安亚种，属细菌。

【症状】 全生育期均可发病，主要为害叶片、茎和果实。幼苗染病，茎上真叶由下向上萎蔫坏死，胚轴或叶柄上产生凹陷坏死斑，剖病茎可见维管束变褐，髓部空洞。成株期染病初期下部叶片边缘枯萎或似缺水状卷缩，有的植株一侧叶片凋萎，随后全叶呈青褐色，并皱缩干枯，但不脱落。病茎出现褪绿条斑，似溃疡状，维管束变褐，髓部变褐腐烂或在茎部开裂生长不定根，潮湿时有白色脓状物流出。果实发病，果面产生中央暗褐色的疣状突起，病斑似鸟的眼睛，故又称鸟眼病，后期果肉腐烂，并可使种子带菌，果实易脱落（彩图38）。

【发病规律】 病原菌可附着于病残体或在种子内外越冬，在土壤里的病残组织中可存活2~3年。带菌种子是病菌远距离传播的主要途径。病原菌借雨水、灌溉水或农事操作传播形成初侵染。病菌可从伤口、气孔或水孔侵入植物组织完成再侵染，高湿、多雨、浓雾等因素可加重病害发生。

【防治方法】

1）农业防治。重病地块实行与非茄科作物轮作3年以上。选用抗病品种，并严格检疫种子，杜绝病菌传入。采用番茄野生种作砧木进行嫁接栽培。农事操作尽量在露水干后进行。露地栽培番茄缓苗后及时在根部培土防风，早搭架、绑蔓，以减少大风造成根茎受伤。发现病株及时拔除，并用石灰消毒。清洁田园，随时清除田间的病枝叶和病果，晒干烧毁。

2）种子处理。种子播前，可用55℃温水浸种15min、72%农用链霉素可湿性粉剂500倍液浸种2h或1%次氯酸钠溶液浸种30min。

3）药剂防治。参考本节 22. 番茄细菌性髓部坏死病的防治方法。

【提示】 发病较重地块可在番茄定植时用链霉素水溶液做“坐窝水”灌根，用量为 1g 链霉素兑水 15kg，浇苗 80 株，防治效果显著。

第二节　番茄生理性病害的诊断与防治

1. 番茄氨气毒害

【症状】 一般先在中部叶片出现水浸状斑点，接着叶片边缘变成黄褐色，叶片下垂，最后枯死。一般棚室早春通风不及时易发生（彩图 39）。

【发病原因】 土壤中施用碳酸氢铵、氨水、人粪尿、鸡粪可直接产生氨气。在地面撒施尿素、硫酸铵、饼肥、鱼肥等可间接产生氨气。当氨气含量达到 5mg/L 时，番茄就会受到不同程度的毒害。

【防治方法】

1）科学施肥。生产上选用缓释性肥料和有机肥是防止氨气中毒的关键措施。农家肥要充分腐熟，并深施，与土壤混匀。避免偏施、过多施用氮肥。不要将可以直接或间接产生氨气的肥料撒施于地面。施用化肥不要过于集中，应深施，施后覆土踏实。

2）防治措施。发现氨气毒害症状时及时浇水缓解。因氨气属碱性气体，在叶片背面喷 1% 食用醋可明显减轻危害。对受害比较轻的植株在排除氨气，杜绝氨气来源后，摘除受害叶，加强肥水和温度管理，可使受害植株得到较快恢复。也可叶面喷施芸薹素内酯 + 诺翠丰叶面追肥等加以缓解。

2. 番茄木栓化硬皮果

【症状】 主要发生在植株中下部，病果形状稍有不正，果实表面产生条状木栓化褐色斑，形状不规则，常产生深浅不一的龟裂。果实表面现木栓化褐斑后，果皮变硬，植株生长趋于停滞，叶片变形，叶尖变黄，茎略弯曲，生长点发暗或变黑，茎短，茎内侧有时

出现褐色木栓化龟裂（彩图40）。

【发病原因】　此病由植株缺硼引起。当土壤中水溶性硼含量小于0.5mg/kg时即为土壤缺硼。番茄对硼敏感，需硼量较大。土壤酸化、硼被淋失、施用过量石灰会加重植株缺硼；土壤干燥、有机肥施用少也易造成缺硼。钾肥施用过量，可抑制对硼的吸收。高温环境下植株生长加快，因硼在植株体内运转性较差，往往不能及时分配到需要的部位，也可造成局部缺硼。

【防治方法】

1）避免土壤酸化或碱化，易酸化土壤可适当加入生石灰改良，调节土壤酸碱度pH在6.7～7.0之间。若为沙质土，可掺入黏质土进行改良。

2）合理灌溉，适时适量灌水，保证供水充足防止土壤过干或过湿，以利于根系对硼的吸收。

3）施用基肥时配施硼肥。出现缺硼症状，可叶面喷施0.1%～0.2%硼砂溶液。每7～10天1次，连喷2～3次。

3. 番茄植物生长调节剂中毒

【症状】　植物生长调节剂中毒主要表现在果实上，果实顶端出现突尖，俗称“桃形果”或“尖头果”。叶片受害，一是番茄受2,4-D等调节剂熏蒸，中上部叶片向下弯曲，叶片僵硬细长，小叶不展，纵向皱缩，叶缘扭曲畸形。二是用2,4-D等调节剂涂抹花梗时，调节剂浓度过大造成危害，叶片表现为畸形、卷曲、增厚和细长（彩图2），花梗着药处出现褪绿斑至浅褐色坏死斑点，即通常所说的“烧花”，引发花脱落。

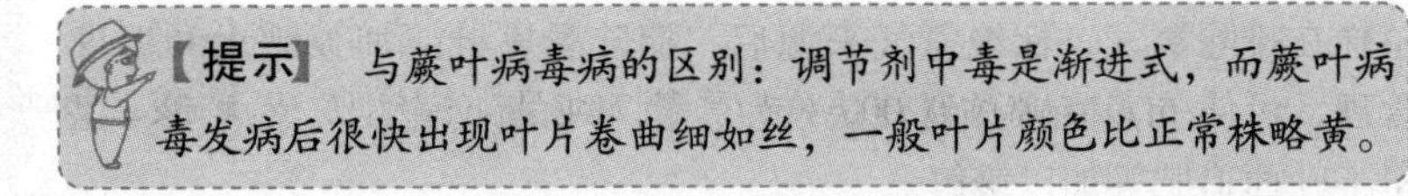
【提示】　与蕨叶病毒病的区别：调节剂中毒是渐进式，而蕨叶病毒发病后很快出现叶片卷曲细如丝，一般叶片颜色比正常株略黄。

【防治方法】　番茄生产中常用植物生长调节剂调控器官生长发育，但使用不当易造成中毒现象。不同情况防治方法如下：

1）为提高低温季节番茄坐果率，番茄生产中常采用2,4-D、番茄灵等调节剂点花、喷花、蘸花。此类调节剂使用不当，植株中毒后表现为生长点以下茎秆细长，叶片似柳叶，变细变硬。产生药害的原因主要有：抹花时调节剂浓度过高；高温、低温季节施用浓度相同，随环境温度升高未及时降低浓度；抹花时调节剂喷或滴到嫩叶、茎枝上。所以，在处理时要注意以下 4 点。

① 处理量要适当。涂抹花梗的 2,4-D 适宜含量为 10～20mL/L，随温度升高及时降低。以棚室冬春茬番茄为例，第 1 花序适宜含量约为 20mL/L，第 2 花序为 15mL/L，第 3 花序可为 10mL/L。一旦发生 2,4-D 药害，可田间浇大水、增施肥料、喷施叶面肥等促使植株生长以缓解症状。

② 处理方法要适当。2,4-D 可采用涂抹花梗或蘸花方法，不宜喷花。

【提示】 为防止 2,4－D 等调节剂重复处理花序产生“烧花”现象，可于药液中添加非酸性或非碱性指示剂，以作处理标记。

③ 处理适期。调节剂处理适期为花序小花开放前后各 1 天。

④ 番茄灵可采用喷雾器喷花方法施用，适宜的处理量为 25～50mL/L，低温施用量为 40～50mL/L，高温施用量为 25～30mL/L。

2）为抑制番茄苗期徒长，生产上常用甲哌鎓（缩节胺、助壮素）、矮壮素等生长抑制剂进行植株矮化。但如果抑制剂用量偏大，也会发生药害。严重的会造成植株长势缓慢，节间过于短粗或成丛状，顶部叶片颜色变深，变硬，叶脉向下扭曲。

用药时要根据苗情及说明书确定合理施用浓度。一旦发生抑制剂药害，可及时喷洒爱多收 6000 倍液＋核苷酸（绿风 95）400 倍液进行缓解，可连续喷药 2～3 次，并结合浇水促进植株长势恢复。若药害过重，可叶面喷施 0.002% 赤霉素（纯品）配施 0.2% 磷酸二氢钾溶液效果较好。

4. 番茄筋腐病

【症状】 番茄筋腐病又称“条腐病”“带腐病”，俗称“黑筋”“乌心果”，常见有两种类型。

1）褐变型。幼苗期开始发生，主要为害第 1～2 穗果，果实膨大期果面上出现局部褐变，凹凸不平，个别果实呈茶褐色变硬或出

现坏死斑，剖开病果可见果肉维管束呈茶褐色条状坏死、果心变硬或果肉变褐，部分病果伴有空腔发生，失去商品价值（彩图41）。

2）白变型。主要发生在绿熟果转红期，表现为果实着色不匀，轻者果形变化不大，重者靠近胎座部位果肉呈绿色凸起状，其余转红部位稍凹陷，病部具有蜡样光泽。剖开病果可见果肉呈“糠心”状，果肉维管束组织呈黑褐色，变褐部位不转红，果肉硬化，品质差，食之淡而无味（彩图42）。

【发病原因】 一般认为此病属生理性病害，病因复杂。初步分析认为，番茄植株体内碳水化合物不足和碳氮比下降，引起代谢失调，致使维管束木质化是发病的直接原因。而不良环境条件，如光照不足、低温多湿、空气不流通、二氧化碳不足、夜间温度高、地温低、土壤湿度过大等均可造成植株体内碳水化合物不足。偏施、过施氮肥，尤其氨态氮过剩及缺钾、缺硼等微量元素也会使植株体内碳氮比下降。另外，灌水过多、土壤潮湿、通透性不好，均会妨碍番茄植株根系吸收营养，导致植株体内养分失去平衡，阻碍铁的吸收和转移，也会诱发褐色筋腐果的产生。

【防治方法】

1）选用抗病品种。

2）科学确定播种和定植期。注意合理轮作，平衡土壤养分供应。适当稀植，增加行间透光率，加强行间通风，改善光照条件。在气温低、光照弱时叶面喷施磷酸二氢钾叶面肥。提倡施用多元复合肥，增施充分腐熟的有机肥，尤其是生物有机肥，避免过多施用铵态氮肥。坐果后番茄进入需肥高峰，应及时追肥，棚室番茄视植株长势基本每穗果追肥1次，肥量为三元复合肥25kg/亩或沼液肥400～500kg/亩。并补施多元复合微肥（硼、钙、铁），每15天1次，连续2～3次。保持土壤湿度适宜，雨后及时排水。

5. 番茄青皮果

【症状】 果面变褐，凹凸不平，着色不良，采摘的果实有明显的绿斑或浅绿斑，果肉僵硬，严重者出现坏死斑。横剖病果，可见果肉维管束褐变坏死（彩图43）。

【发病原因】 此病属生理病害，也与品种有关。光照不足，低温高湿，气体交换不良，土壤缺钾和多氮时容易发生青皮果，尤其是连阴天后暴晴极易诱发此病。

【防治方法】

1）选用抗青皮果的番茄品种。根据经验，目前生产上果皮薄的中形果、植株叶片不太大的品种较抗病，厚皮品种易感病。

2）测土配方施肥，增施有机肥，减少铵态氮肥用量以调整土壤氮、磷、钾比例，促进植株对钾素的吸收和利用。适当稀植，合理疏花疏果，坐果节位不宜过低。坐果期喷洒磷酸二氢钾或诺翠丰叶面肥等可在一定程度上减少青皮果的发生。

6. 番茄空洞果

【症状】 又称空心果，表现为果实胎座发育不良，种子较少或无种子，胎座周围胶质少，果面与胎座分离，果实内部空洞不充实。一般果面有棱，横剖断面呈多角形，并可见明显的空腔，果实重量轻，味淡无汁或无酸味，品质差（彩图44）。

【发病原因】 番茄果肉部与果腔部生长速度不协调，果肉部生长过快，果腔部生长慢，从而形成空洞。主要有以下原因：

1）受精不良。花芽分化期遇高温、弱光或低温等不良环境，导致花芽分化不良，不能正常受精形成种子，因而果实养分调运不足，果实内部发育不完全而造成空腔。

2）栽培措施不当。夜温过高或温度过低，光照不足，氮肥施用过多，植株徒长，光合产物不能顺利地运输到果实中去可引起果实空洞。另外，番茄叶片面积较小，疏叶过度，植株的营养状况不能满足果实膨大需要也可诱发空洞果。

【注意】 2,4-D或番茄灵等调节剂抹花、蘸花浓度过大，处理时花蕾较小或者花序重复处理时易产生空洞果，生产上应加以注意。

【防治方法】

1）选用心皮较多，不易产生空洞果的番茄品种。

2）培育适龄壮苗，剔除小龄苗。合理选择蘸花调节剂的处理量，蘸花时花蕾不宜过小。肥水管理要适当，避免施氮肥过多。育

苗和结果期温度不宜过高或过低，尤其注意避免苗期夜温过高。摘心不可过早，避免过度疏叶。提倡番茄苗期、花期和坐果期叶面喷施2%胺鲜酯水剂1000倍液、0.01%芸薹素内酯乳油2000倍液或1.8%复硝酸钠溶液3000倍液等，具有明显的增花保果和提质的作用。

7. 番茄脐腐病

【症状】 又称顶腐病、蒂腐病，一般在幼果长至乒乓球或鸡蛋大小时发病，也可在果实转红期发病，初期果实顶部（脐部）呈水浸状暗绿色或深灰色，很快变为暗黑色，果肉失水，顶部呈扁平或凹陷状，病斑有时有同心轮纹，果皮和果肉柔韧，一般不腐烂，空气潮湿时病部常被真菌腐生，密生黑霉。随病情发展，病斑扩大，果实顶部凹陷，有时病部可见清晰轮纹。后期果实顶部腐烂坏死，湿度大时着生黑色腐霉，防治不及时，病果大量发生（彩图45）。

【发病原因】 一般认为此病发生的根本原因是缺钙，果实含钙低于0.08%（干重）易发此病。土壤盐基含量低、酸化，尤其是沙性较大的土壤供钙不足易引发缺钙。土壤盐渍化、可溶性盐类含量高，根系对钙的吸收受阻或铵态氮肥或钾肥施用过多阻碍植株对钙的吸收均会导致缺钙。土壤干旱、空气干燥、连续高温时，根对钙的吸收减少易引发大量的脐腐果。另有观点认为，水分供应失调，干旱条件下供水不足或忽旱忽湿，番茄根系吸水受阻，由于蒸腾量大，果实中原有的水分被叶片夺走，导致果实大量失水，果肉坏死，导致发病。

【防治方法】

1）避免施用氮肥过多，尤其速效氮肥不要一次施用过量。适时灌水，防止土壤时干时湿。多施有机肥，使钙处于容易被吸收的状态。

2）缺钙土壤可用消石灰或碳酸钙50kg/亩，均匀撒施于地面并翻入耕层中。进入结果期每7天喷1次0.1%~0.3%的氯化钙、硝酸钙水溶液或绿芬威3号钙肥，可避免发生脐腐病。叶面喷施300倍牛奶、豆浆也可起到一定的防治效果。

8. 番茄缺锌症

【症状】 缺锌多从中、下部叶片开始发病，叶脉间逐渐褪绿，叶缘从黄化变为褐色。因叶缘枯死，叶片向外侧稍微卷曲。与健康叶比较，叶脉清晰可见，心叶一般不黄化。缺锌症状严重时，生长点附近节间缩短，叶片变小，皱缩，卷曲或呈鸡爪状，形成缺锌小叶病（彩图 46）。

【提示】 缺锌症与缺钾症类似，都会出现叶片黄化。缺钾是叶缘先呈黄化，渐渐向内发展；而缺锌是全叶黄化，渐渐向叶缘发展。二者的区别是黄化的先后顺序不同。

【发病原因】

1）光照过强易发生缺锌。

2）植株吸收磷素过多易表现出缺锌症状。

3）土壤 pH 高，即使土壤中有足够的锌，但因其不溶解仍然不能被番茄所吸收利用。

【防治方法】

1）不要过量施用磷肥。

2）缺锌地块可结合整地或施肥施用硫酸锌 1.5kg/亩。

3）出现症状时，叶面喷施 0.1%～0.2% 硫酸锌溶液或诺翠丰叶面肥 500 倍液。

9. 番茄叶片缺钾症

【症状】 番茄缺钾时，下部小叶呈灼烧状，叶缘卷曲，叶脉间失绿黄化。随病情加重，黄化、卷缩的老叶脱落。茎木质化，不再增粗，植株易倒伏。根系发育不良，较细弱，常变为褐色。果实发育明显受阻，果形不正，成熟不一，着色不均匀，植株易感灰霉病（彩图 47）。

【发病原因】 长期以来蔬菜种植有机肥用量减少，氮素化肥用量不断增加，而钾素又易于淋失，因此植株很容易出现缺钾现象。

【防治方法】 适量增施钾肥和有机肥，尤其是在植株结果的情况下，植株对钾的吸收量更大，需追施钾肥，提高果实品质。可于膨果期结合浇水追施硫酸钾 10～15kg/亩或诺普丰水溶肥 5kg/亩。结果后期叶面喷施 0.2%～0.3% 磷酸二氢钾溶液，每7～10天 1 次，连喷 2～3 次。

10. 番茄“绿背病”

【症状】 果实转红后，在果实肩部或果蒂附近残留绿色区或斑块，始终不变红，果实红绿相间，称“绿背病”。病果绿色区果肉较硬，果实味酸，口感差。植株易发生萎蔫，容易感染灰霉病等（彩图48）。

【发病原因】 “绿背病”由缺钾引起。偏施氮肥、番茄植株长势过旺时易发此病。尤其氮肥多、钾肥少、缺硼和土壤干燥时发病较为严重。

【防治方法】

1）合理轮作。增施有机肥。加强水分管理，适时灌溉，雨季要做好排水工作。

2）可于膨果期结合浇水追施硫酸钾10～15kg/亩或诺普丰水溶肥5kg/亩。结果后期叶面喷施0.2%～0.3%磷酸二氢钾溶液，每7～10天1次，连喷2～3次。

11. 番茄生理性卷叶

【症状】 整个生育期内均可发生，以果实发育期发生较重。主要表现为番茄叶片纵向上卷，轻者仅植株下部或中、下部叶片发病，重者整株所有叶片均发生卷叶。卷叶不仅影响蒸腾作用和气体交换，而且影响着光合作用的正常进行。因此，轻度卷叶会使番茄果实变小，重度卷叶导致叶片光合作用面积减少，植株代谢功能失调，营养积累减少，坐果率降低，果实畸形，品质下降，产量锐减。卷叶后也易使一些果实直接暴露在阳光照射之下，引发日灼病（彩图49）。

【发病原因】

1）与品种有关，部分番茄品种易发生卷叶。

2）土壤干旱或番茄根系发育不良、受损，遇高温天气、空气干燥时造成植株缺水，中、下部叶片卷叶可减少水分蒸腾，是一种生理性反应。

3）果实发育期间土壤营养不足或坐果多、消耗植株养分过多均可引发卷叶。

4）番茄整枝过重，打顶过早也可引发卷叶。

【防治方法】

1）精细整地，适时定植，及时中耕松土，提高土温和土壤通透性，促进根系发育。适时、均匀灌水，避免土壤过干、过湿。适时、适度整枝、打顶，打顶不宜过早。

2）施足有机肥，避免偏施氮肥。高温季节可采用遮阳网降温。生理性缺水所致卷叶发生后，应及时降温、灌水，短时间内即可缓解症状。发生缺素导致卷叶时可对症喷施复合微肥1~2次。

12. 番茄水肿病

【症状】 又称浮肿、瘤腺体病，属生理病害。多发生于底部的叶片，初期沿叶脉形成较多晶体状小水泡，直径约1~2mm，浅褐色。空气干燥时，水泡破裂，沿叶脉形成黄色斑，严重者叶片变黄（彩图50）。

【发病原因】 水肿由番茄叶片吸水和失水不平衡造成。当气温低于土温，土壤湿度和空气相对湿度均较高时，根吸收水分的速度比叶片细胞蒸发速度快，导致叶片细胞膨胀、破裂从而引发此病。

【防治方法】 番茄种植地块应排水良好。棚室栽培时及时通风降湿，增加透光。坐果期叶面喷施钙肥、硅肥和钾肥，有助于细胞壁增厚，防细胞破裂。

13. 番茄芽枯病

【症状】 发病初期，受害株幼芽枯死，病部长出皮层包被。发生芽枯处多形成一缝隙，缝隙为线形或“Y”字形，有时边缘不整齐（彩图51）。

【发病原因】 番茄芽枯病是高温环境中经常发生的一种生理病害，多发于夏秋番茄现蕾期。原因如下：

1）夏秋茬番茄中午通风不良时，高温可蒸烫死茎部幼嫩生长点，导致茎受伤而引发。

2）栽培过程中氮肥施用过多，造成植株徒长。

3）高温干燥环境及施肥过多导致土壤溶液浓度变大均可影响植株对硼肥的吸收，造成植株缺硼。

【防治方法】

1）实行配方施肥技术，生育期内适当增施硼、钙等微肥。

2）棚室番茄定植后要防止出现35℃以上的高温，有条件的可用遮阳网降温。也可在高温的中午叶面喷洒清水降温。

3）出现症状时，可叶面喷施0.1%~0.2%的硼砂溶液或诺翠丰500倍液，每7~10天1次，连喷2~3次。高温季节注意保持田间见干见湿（忌大水漫灌，以防裂果），增强根系吸收功能，促肥效充分发挥。

14. 番茄亚硝酸气害

【症状】 主要受害器官为叶片。多从中部叶开始发病，随有害气体含量的增加迅速向下部和上部叶片扩展。亚硝酸气体经由气孔和水孔侵入植株体内，受害叶片叶缘和叶脉间出现水渍状斑纹。后因其酸化作用，叶绿素被大量破坏，叶片出现白色斑点或斑块，2~3天后叶片干枯，病部与健部界限明显，稍凹陷。用试纸检测病斑表面水滴，pH往往在5.5以下，呈酸性（彩图52）。

【发病原因】 长期过量施用化肥或牲畜粪肥导致土壤酸化和盐渍化加重，硝酸化细菌活动受到抑制，致使亚硝酸不能及时转化为硝态氮，从而产生大量亚硝酸气体，部分亚硝酸气体会从土壤中逸出，造成亚硝酸气体毒害。

【防治方法】

1）施用充分腐熟的农家肥，避免过量施入速效氮肥，减轻土壤酸化或盐渍化。

2）出现亚硝酸气害症状时可适当施用石灰或硝化抑制剂，并大量浇水以减轻危害。

15. 番茄早衰

【症状】 番茄生育后期茎秆纤细，生长点瘦小，侧枝少，叶片小而薄，叶色变黄，有时叶片出现瘤状突起，果实不膨大或膨果速度慢，极易出现裂果、空果及僵果，果实着色不良，果实小，植株抗性降低（彩图53、彩图54）。

【发病原因】

1）同一地块连年种植番茄易造成连作障碍，使植株生长不良，新生枝叶不能正常伸展，引发番茄早衰。

2）施肥方式不当，过量施用化肥，忽视有机肥，常造成土壤板结，通透性下降，根系生长发育不良，引发后期早衰。

3）育苗措施不当。有些菜农习惯于提前育苗，常因前茬收获延迟而育成大龄苗、徒长苗。定植后，因主根受损，不定根难以满足作物对水分及无机盐的吸收，常导致植株茎秆中空，易发早衰。

4）调节剂施用不当。幼苗出现徒长后，菜农常习惯于喷洒多效唑、矮壮素、助壮素等生长抑制剂控制幼苗徒长。如用药时间过晚或浓度过大极易形成老化苗，引发植株早衰。

【防治方法】

1）合理轮作。防止因连作引起的早衰最有效的方法是与非茄果类蔬菜实行3年以上的轮作，争取茬茬有变化，年年不相同，保持土壤结构稳定。

2）增施有机肥、生物菌肥和微量元素。在保证番茄生长期间所需要的氮、磷、钾等大量元素的前提下，增施腐熟的有机肥、生物菌肥及微量元素（如铜、铁、锌），改善土壤的通透性，给番茄根系创造一个良好的生长环境。

3）培育适龄壮苗。根据茬口合理安排育苗时间，春季番茄苗龄一般为60~70天，秋茬一般为30~35天，根据茬口腾出的早晚合理安排育苗时间，以3片真叶时进行分苗为宜。

4）合理控制幼苗徒长。秋茬育苗管理不当极易造成幼苗徒长，应适当加大育苗床面积，适度控制浇水，分苗时加大株行距等防苗徒长。采用调节剂处理除正确施用浓度外，还应当注意施用时间，一般在番茄幼苗4片真叶前施用效果最佳。

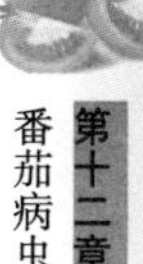

【小窍门】>>>>

在番茄定植时，定植穴内加入白糖10~15g/穴，不仅有利于番茄产生不定根，促进缓苗，防止番茄早衰，而且还可改善番茄品质，增强了植株抗性。

16. 番茄异常茎

【症状】 病部茎节间缩短，严重时产生对生叶，茎较粗，部分髓部组织坏死、褐变，约7~14天后茎上出现纵沟，严重时中空且出现孔洞，可看到对侧，易造成坐果不良（彩图55）。

【发病原因】 植株营养生长过旺所致。

【防治方法】 关键是防止番茄苗期生长过旺。定植宜用适龄大苗，严格控制第1穗果膨大前的肥水应用，生长期间土壤水分不宜过大，促进第1穗果坐果良好等。

17. 番茄纹裂病

【症状】 俗称果实裂纹，果实发育期间果面产生条纹状裂缝，纹裂果不耐储运，影响商品价值。根据开裂部位和原因可分为以下3种类型。

1）放射状纹裂。以果蒂为中心，沿果肩部延伸，呈放射状开裂。一般始于果实绿熟期，先出现轻微裂纹，转色后裂纹明显加深、加宽，有时达到很严重的深裂（彩图56）。

2）同心圆状纹裂。以果蒂为中心，在附近果面上发生同心圆状断续的微细裂纹，严重时呈环状开裂。多在果实成熟前发生（彩图57）。

3）条纹状纹裂。在果实的底部、顶部和侧面，发生纵向、横向或不规则的开裂（彩图58）。

【发病原因】 番茄果实纹裂除与品种特性有关外，主要是受环境影响所致。

1）放射状纹裂。高温、强日照、土壤干旱等因素使果蒂附近的果面产生木栓层，果实糖分浓度增加导致渗透压（膨压）增高而使果皮开裂。干旱后突遇大雨或灌大水，也可使果皮开裂。

2）同心圆状纹裂。果皮木栓化，植株吸水后果肉膨大速度加快，易涨破果皮形成同心圆状纹裂。

3）条纹状纹裂。果实由于长期干旱而停止膨大后，若突灌大水，果肉细胞吸水膨大，外果皮细胞因老化已失去与果肉同步膨大的能力而产生条纹状纹裂。

【防治方法】

1）雨后及时排水，防止土壤过湿或过干，以保持土壤湿度80%左右为宜。避免阳光直射果肩，防止果皮老化，在选留花序和整枝绑蔓时，可把花序安排在支架的内侧，借叶片遮光。摘心不可过早，打顶时可在最后一个果穗的上方留2片叶为果穗遮光。成熟后及时采收。

2）选择抗裂性强的品种。一般果形大而圆、果实栓层厚的品种较易裂果，应予以注意。

3）番茄裂果与植物吸收的钙和硼有关，钙、硼供应不足可引发裂果，坐果期应及时补充钙肥和硼肥，并控制氮、钾肥用量，以免影响钙、硼的吸收。

18. 番茄幼果顶裂

【症状】 青果番茄顶部发生破裂，失去商品价值（彩图59）。

【发病原因】

1）顶裂果主要是由于番茄畸形花花柱开裂造成，有时柱头受到机械损伤也可造成顶裂果。番茄花的雌蕊花柱开裂的直接原因是开花时缺钙。在花芽分化、开花及幼果膨大过程中钙、硼供应不足或偏施氮肥和钾肥均可导致生理缺钙，使花器发育不良，果实细胞结合欠佳，加剧了果实的顶裂。

2）夜温低，土壤干旱也会造成花柱开裂，尤其花芽分化期夜温长期低于8℃易产生大量畸形花。

3）抹花或蘸花调节剂浓度过大，植株光合产物不足时幼果易开裂，漏籽，失去商品价值。

【防治方法】

1）番茄花芽分化期夜温不能长期低于12℃，同时避免偏施氮肥和幼苗徒长。

2）及时补充钙肥。除底肥可施用过磷酸钙、钙镁磷肥外，还应在坐果期叶面喷施钙肥，如氨基酸态钙（螯合态钙）、0.5%的氯化钙溶液、绿芬威3号或羊奶、牛奶、豆浆等300倍液。

19. 番茄果实纵裂

【症状】 果实侧面产生一条由果柄部向果顶部走向的弥合线，轻者在线条上出现小裂口，重者形成大裂口，致胎座、种子外露（彩图60）。

【发病原因】 花芽分化过程中雄蕊未从子房上分离出来，开花时雄蕊紧贴在子房上，开花后果实开始膨大时将雄蕊嵌在里面，果实侧面形成纵向的从果实基部到果顶的弥合线，不能弥合之处形成

开裂。一般在花芽分化期，遇环境低温尤其夜温偏低、氮肥用量多、缺钙时易产生纵裂果。

【防治方法】

1）增施腐熟的有机肥和磷钾肥，避免偏施氮肥。

2）育苗期间保持充足光照，夜温不宜长时间低于8℃。

3）开花期和果实膨大期喷施硼、钙叶面肥。

20. 番茄茶色果

【症状】 红果番茄成熟时果实肩部呈黄色，果实成熟后变红，但红中显露出褐色而使果实呈茶褐色，果实表面光泽度差，商品性差（彩图61）。

【发病原因】 属生理性病害，低温、弱光是产生番茄茶色果的根本原因。

1）果实成熟期气温低于24℃，叶绿素积累增多，并延迟番茄红素的形成从而导致茶色果的出现。

2）偏施或过量施用氮肥，植株吸收元素过多，阻碍果实叶绿素分解从而引发茶色果。

3）钾、硼素缺乏，叶绿素分解酶活性降低，导致果实不能及时转红。

4）与土壤水分有关，地下水位高、排水不良、透气性差的沿海低洼地区番茄茶色果发生较多。

【防治方法】

1）创造适宜果实生长的环境条件，尤其番茄着色期的温度以控制在25～28℃为宜。

2）控制氮肥用量，加强植株调整，防止徒长。

3）避免土壤忽干忽湿或过干过湿，必要时进行果实乙烯利催熟处理。

21. 番茄日灼果

【症状】 果实被阳光灼伤，病部呈现大块褪绿白斑，表面有光泽呈透明革质状，凹陷。后期病部变黄，表面有时出现皱纹，干缩变硬，果肉坏死，变为褐色块状。病部感染杂菌后可长出黑色霉层（彩图62）。

【发病原因】 高温季节或高温环境下，果实上面无枝叶遮挡，强光暴晒导致果实局部温度过高，部分组织烫伤所致。土壤缺水，连阴骤晴，蚜虫或病毒病危害重，栽培密度过稀时易发生此病。

【防治方法】 注意合理密植，摘心时最末果穗之上可留 2 ~ 3 叶。夏秋季棚室栽培应适时通风降温，必要时加盖遮阳网。加强肥水管理和防治病虫害，适量整枝、打杈，促使茎叶健壮生长，防止落叶。

22. 番茄畸形果

【症状】 又称变形果，多发生于保护地栽培。常见的番茄畸形果有尖顶果、桃形果、指形果和裂果等，商品价值下降（彩图 63）。

【发病原因】

1）花芽分化和发育时遇到连续 5 ~ 6℃或 3 ~ 4℃的低夜温，易产生畸形果。

2）苗龄过长、低温或干旱持续时间长，幼苗处在抑制生长条件下花器易木栓化，后转入适宜条件时木栓化组织不能适应组织的迅速生长，则形成裂果，籽外露果或疤果。

3）偏施氮肥或氮肥过多致使花芽过度分化，心室数目增多，形成多心室畸形果。

4）钙、硼供应不足可引起裂果。

5）植株发生徒长时，施用植物生长调节剂浓度大或次数多易产生畸形果。

6）植株老化，营养物质产生不足及 2,4-D 等调节剂蘸花浓度过高时易产生桃形果。

【防治方法】

1）加强苗期管理。培育适龄壮苗，幼苗破土后宜控制日温 20 ~ 25℃，夜温 13 ~ 17℃，保持土壤潮湿，育出节间短，60 天左右的适龄壮苗。

2）第 1 ~ 3 穗果的第 1 个果易形成畸形果，应疏掉。

3）加强肥水管理。氮、磷、钾配合施肥，切忌偏施氮肥。同时根据植株长势、长相、天气和需水规律进行浇水，切忌忽干忽湿。

4）合理使用生长调节剂。植株出现徒长时勿过分采用降温、干

旱控苗或滥用生长调节剂等措施，应在加强通风，适当控湿的基础上，适量喷施助壮素、矮壮素。

5）花芽发育、开花及幼果膨大过程中追施适量钙、硼肥。

23. 番茄的畸形花

【症状】 番茄开花有时会发生花瓣、花萼和雌蕊数复合增多现象，如有2～4个雌蕊，具有多个柱头，且排列不整齐，这种花在生产上叫作畸形花，又称“鬼花”，坐果后产生畸形果，是由花器生育异常引发（彩图64）。

【发病原因】 主要是花芽分化期间夜温低所致，尤其第1花序上的花在花芽分化时夜温低于10℃，容易形成畸形花。另外，强光、营养过剩、干湿不当、氮肥过多及有害气体等影响花芽正常分化也会形成畸形花。

【防治方法】

1）环境调控。花芽分化期，苗床温度白天应控制为24～25℃，夜间15～17℃。生长期间保证光照充足，湿度适宜，避免土壤过干或过湿。

2）抑制徒长。采用降温抑制幼苗徒长易产生大量畸形花，因此宜采用“少控温、多控水”的调控方法。

3）合理施肥。确保苗期氮肥充足而不过量，适量施用磷、钾肥和钙、硼肥。

24. 番茄落花落果

【症状】 栽培过程中发生落花和不易坐果的现象。

【发病原因】

1）营养不良。土壤营养及水分不足，根系发育不良，定植时伤根过重，土温过低，光照不足，整枝打杈不及时，高夜温下植株营养物质消耗过多等原因均可引发落花。

2）植株茎叶徒长或各穗果实生长不平衡，造成营养物质供应失衡导致落花。

3）生殖发育障碍。花芽分化过程中遇不良环境条件是造成落花落果的重要原因。①温度偏高或偏低，如夜间温度低于15℃，花粉管不伸长或伸长缓慢；白天温度高于34℃，夜间高于20℃或白天温度达到40℃的高温持续4h，则花柱伸长明显高于花药筒，子房萎缩，授粉异常而导致落花。②光照不足，光合作用减弱，碳水化合物合成量小或供应不足。③土壤缺钾、干旱可使雌蕊萎缩，授粉不良或花粉生活力低均可造成落花落果。④多雨、空气湿度过高也会影响花粉的发芽率及花粉管的伸长导致落果。

【防治方法】

1）施肥管理。应在施足基肥的基础上进行追肥，特别要注意适时追施钾肥。追肥在坐果前薄施，挂果后重施，分次追肥。当花序小花开放3~4朵时，可用番茄灵等进行保花保果。

2）浇水管理。开花结果期植株生长需水量较多，要保证水分均匀供应。缓苗期至第1穗果坐住一般不灌水，防止植株徒长造成落花落果。第1穗果膨大，第2穗果坐住，应增加浇水次数，幼果膨大时适时浇水。

3）植株调整。无限生长型番茄可采用单秆整枝或双秆整枝。采取单秆整枝，单株留7穗果左右，多余的摘除，适时抹去侧芽并及时疏花疏果，保持果实大小均匀。一般品种每穗果可先留7~8个，当果实长至直径约2cm时，再将畸形果、病虫果除去，保留4~5个果实即可。

4）病虫害防治。可参考本章中病虫害防治的相关内容。

25. 番茄果实转色慢

【症状】 番茄青熟后转色较慢，上市延迟。

【发病原因】 氮肥施用过多造成氮素过剩，引发植株茎叶徒长，开花不良，落花落果严重，果实转色迟，且色泽不匀，尤其果柄附近果面往往着色不良，商品性差。严重时茎和叶柄出现褐色坏死斑点，顶部茎畸形，有时茎节开裂，髓部褐变，影响正常生长发育。氮过多而光照不足时还会引起氨和亚硝酸中毒症（彩图65）。

【防治方法】 严格控制铵态氮肥和尿素用量，苗期地温较低时宜少施或不施铵态氮肥和尿素，可适量施用诺普丰等硝态氮肥以避免铵离子中毒。提倡秸秆还田，地温较高时如果发现硝态氮过剩，可加大浇水量稀释缓解。

第三节　番茄虫害的诊断与防治

1. 美洲斑潜蝇

【分布】　美洲斑潜蝇属双翅目，潜蝇科，在我国大部分地区均有分布，可为害130多种蔬菜，其中瓜类、茄果类、豆类蔬菜受害较重。

【危害与诊断】　主要以幼虫钻叶为害。幼虫在叶片上下表皮间蛀食，造成由细变宽的蛇形弯曲隧道，多为白色，隧道相互交叉，逐渐连接成片，严重影响叶片光合作用。成虫刺吸叶片汁液，形成近圆形白色小点（彩图66）。

成虫体长1.3～2.3mm，浅灰黑色，胸背板亮黑色，体腹面黄色。卵呈米色，半透明，较小。幼虫，蛆状，乳白至金黄色，长3mm。蛹长2mm，椭圆形，橙黄色至金黄色，腹面稍扁平。成虫具有趋光、趋绿、趋化和趋黄性，有一定的飞翔能力。

【发生规律】　美洲斑潜蝇在北方地区年发生8～9代，冬季露地不能越冬，南方可发生14～17代。发生期多为4～11月，5～6月和9～10月中旬是两个发生高峰期。

【防治方法】

1）农业措施。及时清除田间杂草、残株、减少虫源。定植前深翻土地，将地表蛹埋入地下。发生盛期增加中耕和浇水，破坏化蛹，减少成虫羽化。田间悬挂30cm×50cm粘虫黄板诱杀成虫。

2）生物防治。释放姬小蜂、反颚茧蜂、潜蝇茧蜂等，上述三种寄生蜂对斑潜蝇寄生率较高。

3）药剂防治。发生盛期棚室内可采用10%敌敌畏烟熏剂、15%吡·敌畏烟熏剂、10%灭蚜烟熏剂、10%氰戊菊酯等烟熏剂，每次用量为0.3～0.5kg/亩。或选用0.5%甲氨基阿维菌素苯甲酸盐微乳剂2000～3000倍液、1.8%阿维菌素乳油2000～3000倍液、20%甲维·毒死蜱乳油3000～4000倍液、1.8%阿维·啶虫脒微乳剂3000～4000倍液、50%环丙氨嗪可湿性粉剂2000～3000倍液、52.25%农地乐乳油（毒死蜱·氰氯菊酯）1000～1500倍液、5%氟虫脲乳油1000～1500倍液等，兑水喷雾，视病情每隔7天防治1次，连续防治 2～3 次。

【注意】 ①防治斑潜蝇幼虫应在其低龄时用药，即多数虫道长度在 2cm 以下时效果较好。②防治成虫，宜在早晨或傍晚，等其大量出现时用药。

2. 蚜虫

【分布】 蚜虫又称棉蚜，属同翅目蚜科。全国各地均有分布，是病毒病等多种病害的传播媒介，对番茄生产危害较大。

【危害与诊断】 成虫和若虫主要在叶片背面或幼嫩茎蔓、花蕾和嫩梢上以刺吸式口器吸食汁液。嫩叶和生长点受害后，叶片卷缩，生长停滞。功能叶片受害后提前枯黄，叶片功能期缩短，导致减产。

无翅孤雌蚜体长 1.5～1.9 mm，夏季多为黄色，春秋为墨绿色至蓝黑色。有翅孤雌蚜体长 1.2～1.9 mm，头、胸黑色。无翅胎生蚜体长 1.5～1.9 mm，夏季为黄色、黄绿色，春秋季为墨绿色。有翅胎生蚜体黄色、浅绿色或深绿色。若蚜为黄绿色至黄色，也有蓝灰色（彩图 67）。

【发生规律】 华北地区每年发生 10 多代，长江流域 20～30 代。以卵在越冬寄主或以成虫、若虫在保护地内越冬繁殖，第二年春季 6℃以上时开始活动。北方地区于 4 月底有翅蚜迁飞到露地蔬菜等植物上繁殖为害，秋末冬初又产生有翅蚜迁入保护地。春、秋季和夏季分别于 10 天左右和 4～5 天左右繁殖 1 代。繁殖适温为 16～20℃，北方地区气温超过 25℃，南方超过 27℃，相对湿度 75% 以上不利于其繁殖。

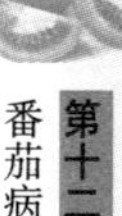

【防治方法】

1）农业措施。棚室通风口处加装防虫网，及时拔除杂草、残株等。

2）积极推行物理防治和生物防治方法。

① 物理防治方法。在温室番茄上方张挂 30cm×50cm 粘虫黄板（每亩 20～30 张），高度与植株顶端平齐或略高为宜，悬挂方向以板面东西向为佳。或采用银灰色地膜覆盖驱避蚜虫。

② 生物方法。可在棚室内放养丽蚜小蜂等天敌治蚜。具体方法

是番茄定植后1周左右，初期可按照3头/m^2的标准，撕开悬挂钩将卵卡悬挂于植株下部，根据虫害发生情况，每7天1次，持续释放3~4次直至虫害得以控制为止。具体方法参照卵卡说明书进行。

3）药剂防治应适时进行。棚室可采用10%敌敌畏烟熏剂、15%吡·敌畏烟熏剂、10%灭蚜烟熏剂、10%氰戊菊酯等烟熏剂，每次用量0.3~0.5kg/亩。或采用10%吡虫啉可湿性粉剂1500~2000倍液、2.5%溴氰·仲丁威乳油2000~3000倍液、3%啶虫脒乳油2000~3000倍液、240g/L螺虫乙酯悬浮剂4000~5000倍液、25%噻虫嗪水分散粒剂6000~8000倍液、50%抗蚜威可湿性粉剂2000~3000倍液、10%氯噻啉可湿性粉剂2000~3000倍液、20%氰戊菊酯乳油2000倍液、48%毒死蜱乳油3000倍液、2.5%三氟氯氰菊酯乳油3000~4000倍液、3.2%烟碱川楝素水剂200~300倍液、1%苦参素水剂800~1000倍液等，兑水喷雾，视虫情每7~10天防治1次。

3. 茶黄螨

【分布】 属蜱螨目，跗线螨科，全国各地均有分布，可为害茄果类、瓜类、豆类等30科70多种作物，一般可造成减产10%~30%，严重时可达80%~100%。

【危害与诊断】 茶黄螨以刺吸式口器吸取植物汁液为害。可为害叶片、新梢、花蕾和果实。叶片受害后，变厚变小变硬，叶反面茶锈色，油渍状，叶缘向背面卷曲，嫩茎呈锈色，梢顶端枯死，花蕾畸形，不能开花。果实受害后，果面黄褐色、粗糙，果皮龟裂，种子外落，严重时呈馒头开花状。茶黄螨具趋嫩性，喜食幼嫩部位，受害症状在顶部的生长点显现，中下部不发生症状（彩图68）。

雌螨长约0.21mm，体躯阔卵形，腹部末端平截。体分节不明显，浅黄至黄绿色，半透明有光泽，沿背中线有1白色条纹。足较短，有4对，第4对足纤细，其跗节末端有端毛和亚端毛。雄螨体长约0.19mm，体躯近六角形，腹部末端圆锥形。体色浅黄至黄绿色，腹末有锥台形尾吸盘，足较长且粗壮。幼螨长约0.11mm，近椭圆形，浅绿色。卵长约0.1mm，椭圆形，无色透明，表面有纵向排列的5~6行白色瘤状突起。

【发生规律】 各地每年可发生几十代，有世代重叠现象，棚室中全年均有发生。露地蔬菜以6～9月受害较重，一般7～9月为盛发期，10月份后随气温下降数量随之减少。生长迅速，在18～20℃下，7～10天可发育1代，在28～30℃下，4～5天发育1代。生长的最适温度为16～23℃，相对湿度为80%～90%。卵孵化和幼螨生长发育需要80%以上相对湿度，大于80%则大量死亡。以两性生殖为主，也可进行孤雌生殖，但未受精的卵孵化率低，且均为雄性。单雌产卵量为百余粒，卵多散产于嫩叶背面和果实的凹陷处。成螨活动能力强，靠爬迁或自然力扩散蔓延。大雨对其有冲刷作用。

【防治方法】

1）农业措施。及时清除棚室内外杂草、枯枝败叶，减少虫源。有条件地区可人工放养天敌捕食螨进行生物防治。

2）药剂防治。发现茶黄螨田间为害，田间卷叶株率达到0.5%时采用下列药剂防治：5%噻螨酮乳油1500～2000倍液、20%双甲脒乳油2000～3000倍液、1.8%阿维菌素乳油2000～3000倍液、40%联苯菊酯乳油2000～3000倍液、15%哒螨灵乳油2000～3000倍液、30%嘧螨酯悬浮剂2000～4000倍液、73%炔螨特乳油2000～3000倍液、25%灭螨猛可湿性粉剂800～1000倍液等，兑水喷雾，视虫情7～10天防治1次。喷药时重点喷洒植株上部的幼嫩部位，如嫩叶背面、嫩茎、花器、幼果等。保护地栽培可用10%哒螨灵烟剂400～600g/亩熏烟防治。

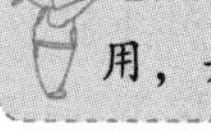
【提示】 噻螨酮无杀成虫作用，因此应在茶黄螨发生初期使用，并与其他杀螨剂配合使用。

4. 蓟马

【分布】 属缨翅目，蓟马科，目前在我国大部分地区均有分布，主要为害瓜类、茄果类和豆类蔬菜等。

【危害与诊断】 蓟马成虫和若虫以锉吸式口器吸食番茄嫩梢、嫩叶、花及果实的汁液。叶片受害易褪绿变黄，扭曲上卷，心叶不能正常展开。嫩梢等幼嫩组织受害，常枝叶僵缩，生长缓慢或老化坏死，节间缩短，果实硬化或脱落等。

成虫体长1.0mm，金黄色。头近方形，复眼稍突出。单眼3只，

红色，排成三角形。单眼间鬃间距较小，位于单眼三角形连线外缘。触角 7 节，翅 2 对，腹部扁长。卵长椭圆形，白色透明，长约 0.02mm。若虫 3 龄，黄白色。

【发生规律】 蓟马在南方地区每年发生 11 ~ 20 多代，北方地区可发生 8 ~ 10 代。保护地内可周年发生，世代重叠。以成虫潜伏在土块、土缝下或枯枝落叶间越冬，少数以若虫越冬。温度和土壤湿度对蓟马发育影响显著，其正常发育的温度范围为 15 ~ 32℃，土壤含水量以 8%~18% 最为适宜，较耐高温，夏秋两季发生严重。该虫具有迁飞性、趋蓝性和趋嫩性，活跃、善飞、怕光。雌成虫有孤雌生殖能力，卵散产于植物叶肉组织内。若虫怕光，到 3 龄末期停止取食，落土化蛹。

【防治方法】

1）农业措施。清除田间杂草、残株，消灭虫源。提倡地膜覆盖栽培，减少成虫出土或若虫落土化蛹。

2）物理防治。发生初期采用粘虫蓝板诱杀。在温室番茄上方张挂 30cm × 40cm 粘虫蓝板（每亩 20 张），高度与植株顶端平齐或略高为宜，悬挂方向以板面东西向为佳。

3）生物防治。棚室栽培可考虑人工放养小花蝽、草蛉等天敌进行生物防治。

4）药剂防治。棚室可采用 10% 敌敌畏烟熏剂、15% 吡・敌畏烟熏剂、10% 灭蚜烟熏剂、10% 氰戊菊酯等烟熏剂，每次用量 0.3 ~ 0.5kg/亩。或采用 10% 吡虫啉 1500 ~ 2000 倍液、25% 吡・仲丁威乳油 2000 ~ 3000 倍液、3% 啶虫脒乳油 2000 ~ 3000 倍液、240g/L 螺虫乙酯悬浮剂 4000 ~ 5000 倍液、25% 噻虫嗪水分散粒剂 6000 ~ 8000 倍液、50% 抗蚜威可湿性粉剂 2000 ~ 3000 倍液、10% 氯噻啉可湿性粉剂 2000 ~ 3000 倍液、20% 氰戊菊酯乳油 2000 倍液、48% 毒死蜱乳油 3000 倍液、2.5% 三氟氯氰菊酯乳油 3000 ~ 4000 倍液、3.2% 烟碱川楝素水剂 200 ~ 300 倍液、1% 苦参素水剂 800 ~ 1000 倍液等，兑水喷雾，视虫情每 7 ~ 10 天防治 1 次。

5. 白粉虱

【分布】 白粉虱属同翅目，粉虱科，是北方棚室蔬菜栽培过程中普遍发生的虫害，可为害几乎所有蔬菜类型，也是病毒病等多种病害的传播媒介。

【危害与诊断】 白粉虱成虫或若虫群集以锉吸式口器在番茄叶背面吸食汁液，致使叶片褪绿变黄、萎蔫。其分泌的大量蜜露可污染叶片和果实，诱发煤污病，造成减产或商品食用价值下降（彩图69）。

成虫体长1.0~1.5mm，浅黄色，翅面覆盖白色蜡粉。卵为长椭圆形，长约0.2mm，基部有卵柄，柄长0.02mm，从叶背气孔插入叶片组织中取食。初产时为浅绿色，覆有蜡粉，而后渐变为褐色，孵化前呈黑色。若虫体长约0.29~0.8mm，长椭圆形，浅绿色或黄绿色，足和触角退化，紧贴在叶片上营固着生活。4龄若虫又称伪蛹，体长0.7~0.8mm，椭圆形，初期体扁平，逐渐加厚，中央略高，黄褐色，体背有长短不齐的蜡丝，体侧有刺。

【发生规律】 白粉虱在北方温室内一年发生10余代，周年发生，无滞育和休眠现象，冬天在室外不能越冬。成虫羽化后1~3天可交配产卵，也可进行孤雌生殖，其后代为雄性。成虫有趋嫩性，在植株打顶以前，成虫总是随着植株的生长不断追逐顶部嫩叶产卵，虱卵以卵柄从气孔插入叶片组织中，与寄主植物保持水分平衡，极不易脱落。若虫孵化后3天内在叶背可做短距离游走，当口器插入叶组织后即失去爬行机能，开始营固着生活。白粉虱繁殖适温为18~21℃，温室条件下约1个月完成1代。冬季结束后由温室通风口或种苗移栽迁飞至露地，因此人为因素可促进白粉虱的传播蔓延。其种群数量由春至秋持续发展，夏季高温多雨对其抑制作用不明显，秋季数量达高峰，集中为害瓜类、豆类和茄果类蔬菜。北方棚室栽培区7~8月露地密度较大，8~9月受害严重，10月下旬后随气温下降白粉虱逐渐向棚室内迁飞为害或越冬。

【防治方法】

1）农业措施。棚室通风口处加装防虫网，及时拔除杂草、残株等。

2）物理防治。在温室番茄上方张挂30cm×50cm粘虫黄板（每亩20~30张），高度与植株顶端平齐或略高为宜，悬挂方向以板面

东西向为佳。

3）生物方法。可在棚室内放养丽蚜小蜂、草蛉等天敌。具体方法参照本节2. 蚜虫的生物防治方法。

4）药剂防治。虫害发生初期采用10%吡虫啉可湿性粉剂1500～2000倍液、25%噻嗪酮可湿性粉剂1000～2000倍液、240g/L螺虫乙酯悬浮剂4000～5000倍液、25%噻虫嗪水分散粒剂6000～8000倍液、2.5%联苯菊酯乳油2000～2500倍液、3%啶虫脒乳油2000～3000倍液、48%毒死蜱乳油2000～3000倍液、10%氯氰菊酯乳油2500～3000倍液等，兑水喷雾，视虫情每7天左右防治1次，连续防治2～3次。烟熏法防治参考蚜虫的防治方法。

6. 斜纹夜蛾

【分布】 斜纹夜蛾属鳞翅目夜蛾科，属多食性害虫。该虫分布广泛，具有暴发性，食害番茄可造成大面积减产。

【危害与诊断】 幼虫咬食叶片、花蕾、花及果实，初龄幼虫啮食叶片下表皮及叶肉，仅留上表皮呈透明斑；4龄以后开始暴食，咬食叶片，仅留主脉（彩图70）。

成虫体长14～20mm，翅展35～40mm，体形中等略偏小。前翅斑纹复杂，两条波浪状纹中间有3条斜伸的明显白带，故名斜纹夜蛾。幼虫一般有6龄，老熟幼虫体长50mm左右，头黑褐色，体色多变，多为暗褐色。背线呈橙黄色，在亚背线内侧各节有一近半月形或似三角形的黑斑。

【发生规律】 一般一年可发生4～5代。以蛹在土下3～5cm处越冬。成虫白天潜伏在叶背或土缝等阴暗处，夜间出来活动，具有趋光性和趋化性。每只雌蛾可产卵3～5块，每块约有卵粒100～200个，卵多产在叶背的叶脉分叉处，经5～6天孵化出幼虫，初孵时聚集叶背，4龄以后白天躲在叶下土表处或土缝里，傍晚后爬出取食，老龄幼虫具有假死性。食料不足时可成群迁移至附近田块为害。斜纹夜蛾各虫态发育适温为29～30℃，卵的孵化适温为24℃左右，化蛹的适宜土壤湿度为土壤含水量20%左右，蛹期为11～18天。

【防治方法】

1）农业防治。结合田间管理，人工摘除卵块和初孵幼虫为害的叶片，并集中处理。注意铲除田边杂草等滋生场所，晚秋或初春及时翻地灭蛹。

2）物理或生化诱杀。利用幼虫假死性进行人工捕捉，并可利用黑光灯对成虫进行物理诱杀。按照6份红糖、3份米醋、1份水的比例配成糖醋液诱杀。

3）保护和利用天敌。可应用小茧蜂、多角体病毒消灭幼虫。

4）药剂防治。低龄幼虫抗药性差，可于3龄以前采用1.8%阿维菌素乳油2000~3000倍液、20%甲维·毒死蜱乳油3000~4000倍液、0.5%甲氨基阿维菌素苯甲酸盐微乳剂2000~3000倍液、5%丁烯氟虫腈乳油2000~3000倍液、2.5%三氟氯氰菊酯4000~5000倍液、40%菊·马乳油2000~3000倍液等，兑水喷雾，视虫情间隔7~10天防治1次。

7. 棉铃虫

【分布】 属鳞翅目夜蛾科，杂食性，主要为害棉花，也可蛀食多种蔬菜，全国各地均有分布。

【危害与诊断】 以幼虫蛀食寄主的蕾、花、果实为主，常造成落蕾、落花、落果或虫果腐烂。也可为害嫩叶和嫩茎，食成孔洞（彩图71）。

成虫灰褐色或青灰色，体长15~20mm，翅展31~40mm，复眼球形。前翅外横线外有深灰色宽带，带上有7个小白点，肾纹，环纹为暗褐色。后翅灰白，沿外缘有黑褐色宽带，宽带中央有2个相连的白斑。后翅前缘有1个月牙形褐色斑。幼虫共有6龄，老熟幼虫长约40~50mm，头黄褐色有不明显的斑纹，体色多变。气门上方有一褐色纵带，是由尖锐微刺排列而成（烟青虫的微刺钝圆，不排成线）。幼虫腹部第1、2、5节各有2个毛突特别明显。蛹长17~20mm，纺锤形，赤褐至黑褐色。卵呈半球形，顶部微隆起，表面密布纵横纹。

【发生规律】 全国各地均可发生，长江以北地区一年可发生4代，长江以南地区和华南5~6代，云南地区7代。以蛹在土壤中越冬。成虫交配和产卵多在夜间进行，卵产于植株嫩梢、嫩茎和叶片上。每头雌虫可产卵100~200粒，卵期7~13天。初孵幼虫可啃食

嫩叶尖和小蕾，2~3 龄时吐丝下垂，蛀食蕾、花、果。一头幼虫可危害 3~5 个果。成虫趋光性（尤其对黑光灯）较强，趋化（味）性较弱，对新枯萎的白杨、柳、臭椿趋集性强。棉铃虫发生适温为 25~28℃，相对湿度为 70%~90%，对茄科、瓜类蔬菜而言，第 2、3 代是为害最严重的世代，第 2 代后可出现世代重叠。

【防治方法】

1）农业防治。番茄种植地块四周以种植玉米、高粱等高秆非茄科作物为宜。及时清理落花、落果，并摘除蛀果，带出田外进行深埋，以防幼虫再次转果为害；收获结束后深耕土壤，破坏土中蛹室。棚室栽培可加设防虫网。

2）消灭虫卵。利用棉铃虫多产卵于番茄上部叶片或植株顶尖上的特性，可结合整枝打杈把打下的枝梢集中沤肥或烧毁，可有效减少卵量。利用棉铃虫对草酸气味有趋集产卵、对磷酸二氢钾气味有避忌的特性，小面积喷施草酸可诱其集中产卵再灭杀，全面喷施磷酸二氢钾可驱避棉铃虫。

3）生物防治。产卵高峰期后 3~4 天，喷施高效 Bt 可湿性粉剂 1000~2000 倍液 1~2 次；施用 20 亿多角体/mL 棉铃虫核型多角体病毒悬浮液 50~60mL/亩。

4）药剂防治。在棉铃虫的产卵期及 3 龄前的幼虫期选用高效、低毒、低残留的药剂。常用 1% 甲氨基阿维菌素甲酸盐微乳剂 3000~4000 倍液、2.5% 氯氟氰菊酯乳油 1500~3000 倍液、4.5% 高效氯氰菊酯乳油 1500~3000 倍液、20% 虫酰肼悬浮剂 1500~3000 倍液、15% 茚虫威悬浮剂 3000~4000 倍液、2.5% 溴氰菊酯乳油 1500~3000 倍液、5% 氟啶脲乳油 1000~2000 倍液、1.2% 烟碱·苦参碱乳油 800~1500 倍液、15000 国际单位/mg 苏云金杆菌水分散粒剂 1000~1500倍液等，兑水喷雾，视虫情连续防治 2~3 次。

第十三章 番茄的储运和加工技术

第一节 番茄的储运技术

一 耐储运番茄的特点

耐储运番茄的特点为心室少、种子腔小、皮厚、肉质致密、干物质和含糖量高、组织保水力强，一般红果型番茄或红果与粉果杂交品种耐储性优于粉果型。

【注意】 番茄耐储性因品种、熟性和栽培条件不同而差异较大，生产上应注意鉴别。

二 采前管理

对于以储运为主的番茄生产田，应注意控制氮肥用量，适当增施磷、钾、钙肥，生育后期可叶面喷施液体硅肥 1 ~ 2 次。采收前应控制灌水，以增加番茄的干物质含量，并防止落花落果。雨后或者灌溉后不宜立即采收，以免储藏期间引发烂果；注意预防恶劣天气等。

三 分级与包装

储藏果实要求达到有特定的色泽及整体形状、无腐烂变质、无病虫害、果实清洁度高、适宜成熟等条件。番茄采收后按照商品要求挑选果实，并根据番茄的品质和重量标准进行分级。根据果实商

品性可分为特级、一级和二级。按照果实重量分级，普通番茄则可分为特大果、大果、中果及小果，樱桃番茄则分为大樱桃、中樱桃和小樱桃。各分级标准如表13-1～表13-3所示。

表13-1　番茄果实分级标准

等　级	标　准
特级	形正、色鲜、无裂果、无褪色斑、无冷害冻害
一级	个别果轻微变形、轻微环裂（樱桃番茄无裂果）、色泽稍差、无空、无伤
二级	某些外表或内部有缺陷、商品价值仍较好

表13-2　普通番茄按照重量分级标准

等　级	标　准
特大果	200g以上
大果	150～200g
中果	100～150g
小果	100g以下

表13-3　樱桃番茄按照重量分级标准

等　级	标　准
大樱桃	20～40g
中樱桃	15～20g
小樱桃	4～10g

四　预冷

番茄采收后应尽快进行冷却到适宜储藏温度。预冷过程可在空调房进行也可以放阴凉处自然冷却，但以具备制冷设备的冷库预冷效果最好。从采收到预冷间隔短，预冷速度快有利于储藏。

五　储藏条件

番茄短期储藏一般为7～10天，中长期储藏一般为20～35天。

常用的储藏方法有温室堆藏、窖藏、通风储藏及冷库气调机储藏等。适宜的储藏环境因子主要包括温度、湿度、气体成分等。一般储藏可设置：

① 温度：绿熟果为13～16℃，坚熟果为7～10℃，完熟果（短期储藏）0～2℃。

② 相对湿度：绿熟果80%～85%，完熟果90%～95%。

③ 气体成分：氧气2%～4%、二氧化碳3%～6%。

六 运输

根据储运产品要求选择适宜的运输工具与方法。运输过程中对温度、相对湿度和通风换气等条件的要求与储藏条件基本一致。装卸时应轻搬轻放，严防机械损伤，不得使用有损包装件的工具。装卸过程中要注意防雨淋湿，防热防寒，必要时应采取相应的防护措施。运输过程应尽量速度快，时间短，以减少途中不利的环境影响。

第二节 常见番茄制品的生产工艺

目前市场上常见的番茄制品有番茄酱、番茄原汁、番茄果脯、番茄粉等。生产工艺要点如下。

一 番茄酱生产工艺要点

番茄酱是番茄经过预处理后，再经打浆、去净皮和种子，不加任何添加剂，经浓缩而制成的产品。

【工艺流程】 原料选择→清洗→修整→热烫→打浆→加热→浓缩→密封→杀菌→成品。

【制作要点】

1）原料选择。应选择充分成熟、色泽鲜艳、干物质含量高、皮薄肉厚、籽少的果实为原料。

2）清洗、修整。清洗果面，切除果蒂及绿色和腐烂部分。

3）热烫。在沸水中热烫2～3min，使果肉软化。

4）打浆。用打浆机打碎果肉，除去果皮、种子。

5）加热浓缩。不断搅拌，加热至固形物含量为22%～24%。

6）密封罐装。浓缩后立即密封罐装。

7）杀菌、冷却。100℃沸水中杀菌20～30min，冷却至罐温35～40℃。

【产品质量标准】 番茄酱的酱体呈红褐色，均匀一致，具有一定黏稠度，味酸，无异味，可溶性固形物含量为22%～24%。

二 番茄原汁生产工艺要点

番茄原汁是一种有清凉作用、可促进食欲的饮料，营养丰富，是一种优良的蔬菜原汁。

【工艺流程】 原料选择→预处理→榨汁→调配→脱气、均质→加热、装罐→密封、杀菌、冷却→成品。

【操作要点】

1）原料选择。选用成熟、无损伤、无病虫害及无腐烂变质的新鲜番茄。

2）预处理。将番茄洗净，去蒂柄、去掉斑点及青绿部分，用去籽机将番茄破碎脱籽后，立即用加热器将番茄迅速加热至85℃以上。

3）榨汁。用打浆机或螺旋式榨汁机榨汁，浆汁中要求无碎籽皮、黑点及杂质等，控制出汁率在80%左右。

4）调配。番茄原汁放入调配缸，添加原汁质量0.5%～1%的食盐（食盐要配成溶液过滤后加入）。通常不需要在番茄原汁中添加蔗糖，部分国家允许最大加糖量为1%。

5）脱气、均质。脱气真空度要求0.05MPa，时间3～5min。均质温度要求70℃以上，压力18MPa以上。

6）加热、罐装。将汁液加热到85℃以上灌装，封口时中心温度不低于80℃。

7）杀菌、冷却。杀菌程序为（3min－18min－3min）/100℃（即设置为3min上升至100℃，在100℃下持续18min达到灭菌效果，然后再降温，此过程也需3min），杀菌后冷却至40℃以下。

【产品质量标准】 红色或橙红色，汁液混浊均匀，不得有水析出及结块现象，同一罐内汁液色泽应一致，有新鲜番茄的香味和气味、无异味。

【注意】 在番茄汁的生产过程中，要严格控制卫生环境，控制番茄汁 pH 在 4.3 以下，装罐前高温瞬时杀菌等，以防止细菌性沉淀。

三 番茄果脯生产工艺要点

1）选料。选择中等大小、圆形、健全无病虫害的成熟番茄。

2）去皮。在 95℃热水中烫 1min，立即放入冷水中剥皮。

3）浸泡。用 0.5% 石灰水浸泡 4h、再用清水漂洗，沥干水分，糖浸。

第 1 天，配制含糖 40% 的水溶液，并加入 2% 捣碎的姜片，或预先用少许水煮成姜汁，加入糖液中，一起浸泡原料。

第 2 天，把糖液倒入锅内加热浓缩到 30%~35% 后，把原料放入经加热浓缩的糖液中。

第 3 天，把糖液继续加热浓缩到 40%。

第 4 天，把糖液继续加热浓缩到 42%~45%。

第 5 天，把糖液加热浓缩到 45%~48%。

第 6 天，把糖液加热浓缩到 48%~52%。

第 7 天，把糖液加热浓缩到 52%~55%。

第 8 天，把糖液加热浓缩到 55%~60%。

每次加热后都将原料放入糖液中浸泡（原料不加热）。在把原料用糖浸泡的第 8 天，于糖液中加入原料质量 0.4%~0.8% 的柠檬酸。

4）干燥。原料用糖液冷浸后，逐渐收缩成半透明状，当原料吃饱糖分后，将其捞出，在烤房中烘烤到含水量在 20% 为合格。

5）包装。用玻璃纸包装成粒状，保质期达 3 个月以上。

四 番茄罐头制作工艺要点

1）选果。选用中、小型新鲜或冷藏良好番茄。要求果面光滑无陷痕，颜色鲜艳，果肉厚而紧密，籽腔小，风味良好，成熟但不过熟。

2）分级。将选好的番茄放入水槽中清洗干净，按果实大小进行分级。分级后用小刀挖除蒂梗，勿太深，以免种子外流。

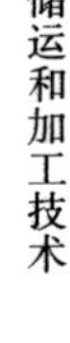

3）去皮。将番茄倒入微沸热水中漂烫1min后迅速放入冷水冷却再剥去外皮，并对果面进行修整，除去绿色或带斑的部分。然后放入0.5%氯化钙溶液中浸渍硬化10min左右。取出后用清水清洗残液，再根据质量标准进行分选，果实横径应小于50mm。

4）装瓶。分选后装于洗净并灭菌的玻璃容器中。另将熟透的番茄用筛板孔径为1.5mm和0.5mm的打浆机打成可溶性固形物含量为5%~7%的原汁。取原汁96.5kg，加入20%的食盐水7kg、砂糖2kg、氯化钙0.1kg，混匀溶解后升温至90℃以上，然后装于瓶中。酸度不足时，可用柠檬酸将pH调至4.5以下。

5）灭菌。灌装后加盖预封（不封紧），送热水排气箱中，在85~90℃热水中升温至中心温度达75℃左右，立即封罐。然后置105℃消毒柜中灭菌30min。注意升温时间不宜超过10min，罐容量大的灭菌时间可适当延长。灭菌后，分别用75℃、55℃和35℃的水在15min内分段迅速降温至40℃以下，注意降温过快易引起罐身炸裂。冷却后取出，将水擦干，抽样检测合格后，贴标入库或出售。

五 番茄粉的制作工艺要点

1）原料选择。选用成熟、色泽亮红、无病虫害及无腐烂变质的新鲜番茄。

2）清洗。除去果面附着的泥沙、残留农药和微生物等。

3）拣洗。除去腐烂、有病虫斑或色泽不良的番茄。

4）热破碎。即将番茄破碎后立即加热至85℃的处理方法，用此法所得的番茄制品稠度较高。

5）打浆。采用双道或三道打浆机进行打浆。第一、二道打浆机的筛网孔径分别为0.8~1.0cm和0.4~0.6cm。打浆机转速一般为800~1200r/min。打浆后所得皮渣量一般应控制在4%~5%。

6）真空浓缩。真空浓缩所采用的温度为50℃左右，真空度为89.3kPa。

7）浓缩物的干燥。常用干燥方法有冷冻干燥法、膨化干燥法、喷雾干燥法、滚筒干燥法及泡沫层干燥法等。具体可参考干燥设备的使用说明进行操作。

第十四章 番茄高效栽培实例

实例 1

山东寿光是我国保护地栽培番茄的优势产区之一，番茄种植经验丰富，市场体系培育完善，是我国重要的蔬菜产品集散地和输出地。经多年生产实践，寿光当地产生了很多设施番茄种植典型。他们番茄生产经验丰富，设施和技术先进，产量和品质均达到了较高水平，产品大量出口，取得了较高的经济效益，总结其番茄高效生产经验有以下几点。

1. 完善有效的栽培设施是番茄增产、优质的基础

寿光番茄种植主要采用土建温室，具有造价低，保温效果好，易于管理等优点，但因其属于不加温温室，遇秋冬茬和早春茬极寒天气时管理不当可造成阶段性减产，而一般寒冷季节恰是蔬菜效益最好之时。因此，要实现番茄生产的高产、高效就必须加强设施的管理和改造。让番茄早春茬栽培早上市，尽量延长秋冬茬番茄的采收期，均可获得较好收益。

要实现上述目标，就必须采取技术措施克服低温、弱光逆境，加强保温、增温和补光。该地区温室常用的保温措施有：番茄定植时覆盖农膜，之后在畦上再搭建小拱棚，必要时在小拱棚上方与顶棚膜之间用细铁丝临时拉设第三层保温薄膜，加上棚膜上加盖草苫或保温被及“浮薄膜”，在寒冷季节温室大棚最多可实行 6 层覆盖，基本可以满足番茄越冬或早春栽培的温度要求。增温措施主要是近年来当地正在推广应用的棚室蔬菜远红外膜加温技术，可于番茄定

植沟中垂直铺设 10～20cm 宽、功率 110W/m^2 的远红外电热膜，也可于番茄行间挂设电热膜，生产遇冬季极寒天气时通过温控开关进行根部和行间增温，效果较好。早春或严冬季节光照不足时可采用高压钠灯、LED 灯或沼气灯补光。采取上述措施后，番茄不仅可以早上市和延长采收期，而且畸形果率大大降低，市场销售情况好。

2. 综合配套的栽培技术体系是番茄高效生产的关键

番茄的精细管理技术体系包括品种选择、育苗、整地施肥、田间管理等环节，其关键管理技术措施如下。

1）合理选择种植品种。选择品种应为当地示范、推广的主栽品种。目前番茄种植品种繁多，品种选择时应充分考察市场需求和品种发展趋势，不要盲目跟风或随大流，也不可特立独行，以免产品收获后没有客商收购，造成损失。番茄黄化曲叶病毒病是近年来产区多发病害，防治难度大，尽管目前市场品种多为抗性品种，但有的品种抗性不稳定，有的品种抗性好但其他性状表现一般，生产上应予以充分注意。目前适于设施栽培的番茄品种主要有中寿 11-3、齐达利、欧冠、迪芬妮等。

2）采取措施培育壮苗。早春茬及秋延迟茬或秋冬茬番茄育苗分别处于最冷和最热季节，应分别采取合理措施促壮苗培育。早春茬苗期应采取增温、保温和补光技术，秋冬茬则应采取遮盖遮阳网、棚膜喷涂遮光涂料等措施遮光、降温。此外，还应合理灌溉，避免低温下浇水过多，诱发番茄沤根。注意加强通风管理，适时通风降湿，必要时补施二氧化碳气肥。

3）精细整地，合理肥水管理。番茄产区多采用旋耕机整地，耕深较浅，应尽量选用深耕机械，使耕深达到 30cm 左右，同时施用免深耕等药剂打破土壤板结，进行土壤修复。在常规施肥的基础上，重施有机肥和生物菌肥，每亩可施用优质土杂肥 8000～10000kg 或稻壳鸡粪、鸭粪 5000～6000kg，生物菌肥 100kg。盛果期增施钾肥和叶面硅肥等微量元素。寒冷季节浇水宜小水勤浇，浇水宜选用滴灌或膜下暗灌的方法。加强通风管理，使棚内湿度降至合理范围。

4）精心管理，克服番茄连作障碍。番茄常年连作常导致枯萎病、根结线虫等病虫害多发。定植前须进行土壤消毒，尽量减少土传病害发生。根据番茄不同生育阶段多发病虫害的基本特点，要以预防为主，综合防治。采取措施重点预防根结线虫的发生，主要措施包括不施用剧毒农药（老百姓称之黑药），以确保番茄食用安全；有条件的种植者应采用自家专用整地机械，禁用发病区农机；发病较轻地块可采用水淹、高温闷棚等物理防治方法及施用放线菌等生物菌剂等。发病较重地块，可采用药剂防治，从整地时开始处理土壤，如采用石灰氮、阿维菌素颗粒等药剂灭杀土壤中的线虫。发病植株采用阿维菌素乳油等杀线虫剂灌根。

5）重视授粉环节和植株管理。①宜采用熊蜂授粉。产区实践经验表明，熊蜂授粉效率显著高于人工和蜜蜂，番茄果实口感好，品质优。②合理掌握2，4-D等坐果调节剂的最佳施用浓度，减少畸形果率。③合理整枝，及时吊蔓、落蔓、打杈、打老叶等。

3. 努力保持产区环境健康和生态修复是番茄生产持续发展的保障

棚室栽培因其环境相对封闭，经常年连作，极易造成化肥、农药等化学物残留，从而对产区土壤、地下水和大气造成污染，影响番茄食用品质。寿光等设施蔬菜主产区的经验方法主要有：第一，重视发展品质农业，积极推行精准农业和循环农业生产模式，从源头上减少药肥用量，采取措施鼓励生产者施用生物和无公害药肥。政府投资规划建设大棚沼气设施，集中无害化处理和循环利用蔬菜垃圾等。第二，注重合理轮作，促进土壤修复。经验方法为棚室番茄夏季高温季节生产效益下降时，在保护好棚体的前提下可露地种植糯玉米、甜玉米等短茬作物，既可借雨水冲淋土壤盐分，又可保障必要的经济收益。同时，在连作年限较长的棚室倡导“菜-花”“果-菜”轮作等模式，有助于土壤环境生态修复，值得提倡或推广。

实例2

新疆光热资源丰富、气候凉爽、昼夜温差大，生产的番茄具有较高的色素和可溶性固形物含量；而降雨量少、空气干燥及灌溉农业减少了病虫害的发生及烂果，并能进行无支架栽培，准噶尔盆地南缘和塔里木盆地北缘的大片内陆地区是世界上最适宜种植番茄的区域之一。新疆自20世纪90年代开始大力发展加工番茄种植，经

20多年的发展已成为亚洲最大的番茄生产和加工基地，生产能力约占全国的90%。中粮屯河股份有限公司是全球最大的番茄生产企业之一，在新疆等地开发自种番茄基地10万亩、社会种植番茄基地50万亩，为当地农民的增收致富做出了贡献。其加工番茄的生产经验对我国其他番茄产区具有一定指导意义，现将其经验总结如下。

1. 构建适宜的番茄基地生产模式

公司从原料源头开始，实行“订单农业”生产，在“公司+基地+农户”的成熟运作模式支持下，把数十万农户和90%以上的原料基地建设面积纳入到“原料第一车间”的管理体系中。根据“良种良法”的原则，严格统一采用好品种、新技术、新模式，有助于番茄生产的标准化和规范化，保障了产品质量。

2. 采取标准化高效栽培技术

1）品种选择。经过生产试验和示范，公司选择种植的番茄品种已实现早中晚熟配套，从而错开了产品集中上市的时间。目前适宜种植的早熟品种有屯河8号、屯河9号、屯河45号、亨氏2206、亨氏1100；中熟品种有屯河41号、亨氏3402、亨氏2401、NDM843；晚熟品种有屯河48号、亨氏9780等。

2）培育壮苗。采用了统一的连栋温室工厂化穴盘育苗模式，有利于壮苗培育，保障了种苗质量和供苗时间。

3）规格定植。采用高垄覆膜栽培模式，可提早扶垄，有助于早春地温提升，同时还可避免灌溉漫垄，有利于降低垄面湿度，减少病害发生。干旱地区采用垄上覆膜栽培，潮湿地区多采用沟底覆膜栽培。垄上覆膜栽培于3月中下旬开沟扶垄，覆膜保墒、保温。定植规格为垄宽0.9m、垄距0.6m、沟深0.3m，定植行距0.3m、株距0.4m。沟底覆膜栽培于3月中下旬开沟铺膜，沟宽0.6m、深0.3m、垄背0.9m，定植行距0.4m、株距0.45m。3月底直播或移栽定植。

4）肥水管理。灌溉可采用沟灌或细流沟灌方式。6月上中旬头水前揭膜，防止膜上积水导致烂果。采收前20天左右停止浇水。按照每生产5000kg番茄需尿素35~40kg、磷酸二铵15~19kg、硫酸钾26~31kg的参考标准施肥。采用开沟培土施肥方式，盛花期以氮肥为主，后期以钾肥为主。为减少劳动用工和强度，提高水肥利用率，现在基地已大规模实行水肥一体化滴灌技术，取得了很好的效果。

5）及时进行病虫害综合防治。加工番茄生育期内主要的病害有早疫病、晚疫病、斑枯病、猝倒病、立枯病、灰霉病、沤根、脐腐病、裂果、日灼病及部分缺素症等；虫害主要有金针虫、地老虎、黑蟋蟀、棉铃虫、蚜虫、螨虫等，应及时加以诊断和防治。

6）规范采摘。采前停止浇水，采摘时严禁翻秧，装车过程严禁用编织袋装运，及时取出病、劣果和杂质。

实例3

海南省三亚市地处海南最南端，属热带海洋季风气候，年平均气温25.4℃，全年日照时数高达2563h，年降雨量600～2000mm，独特的气候条件使其成为全国重要的冬季蔬菜主产区。近年来，三亚番茄种植中樱桃番茄种植面积越来越大，其生产经验对我国南方露地番茄生产具有借鉴意义。现概括三亚樱桃番茄生产经验以供参考。

1）品种选择。应选用抗病、耐热、优质、丰产、耐储运、商品性好的品种。主要有千禧、龙女、红皇后、亚蔬11号、翠红等。

2）种子处理。采用55℃温汤浸种15min或清水浸种4h后采用10%磷酸三钠浸种20min，以预防叶霉病、早疫病、病毒病等。

3）苗期管理。

① 可采用苗床扣小拱棚育苗或穴盘基质育苗方式。苗床播种后上覆稻草遮阴保墒，出苗70%以上时及时揭除稻草，幼苗长出2～3片叶时视天气情况揭除小拱棚上的遮阳网。苗期温度管理主要通过架设小拱棚和覆盖遮阳网进行，保持昼温25～28℃，夜温17～20℃。出苗后适当控水，2叶1心时视苗情叶面喷施0.1%尿素溶液或1000倍硅酸盐溶液补肥。幼苗长至3片真叶，即分苗前3～4天停止浇水进行蹲苗。幼苗长至4叶1心，苗龄25天左右，株高15cm，茎粗0.4cm时定植，定植前适度蹲苗。

② 病虫害防治。苗期主要病虫害有猝倒病、立枯病、病毒病、美洲斑潜蝇、蚜虫等，应及时加以防治。

4）定植后管理。

① 追肥。定植后7天，结合缓苗水冲施尿素5kg/亩。第1穗果坐住后随水冲施或破膜穴施高钾三元复合肥20～25kg/亩，第2穗果采收后随水冲施或破膜穴施高钾三元复合肥35～40kg/亩、硫酸钾10～15kg/亩。

② 搭架、绑蔓、整枝。宜采用“一”字形篱壁架，用粗竹竿和铁丝固定主架，并用细竹竿和拉绳辅助固定植株，根据植株长势及时绑蔓。可采用“二杆二半”整枝方式。苗高30cm时引蔓上架，每5～7天绑蔓1次。上架时在离地面15cm处留3条结果蔓（含主蔓），15cm以下侧蔓全部摘除。后期适当摘除过密弱蔓。

③ 疏果。坐果后期对中上部结果过多节位适当疏除部分果枝。

④ 病虫害防治。樱桃番茄生育期内多发的病害有早疫病、灰霉病、叶霉病、青枯病、病毒病等。虫害主要有蚜虫、白粉虱、茶黄螨、棉铃虫、烟青虫、斑潜蝇、根结线虫等。应采取综合措施，及早防控。

通过上述介绍的不同番茄产区典型案例，希望其他番茄产区种植户从中受到启发，以提高当地番茄的生产效益。

附　　录

附录 A　蔬菜生产常用农药通用名及商品名称对照表

通用名		商品名	用途
杀虫剂类	阿维菌素	爱福丁、阿维虫清、虫螨光、齐螨素、虫螨克、灭虫灵、螨虫素、虫螨齐克、虫克星、灭虫清、害极灭、7051 杀虫素、阿弗菌素、阿维兰素、爱螨力克、阿巴丁、灭虫丁、赛福丁、杀虫丁、阿巴菌素、齐墩螨素、剂墩霉素	广谱杀虫剂，防治棉铃虫、斑潜蝇、十字花科蔬菜害虫、螨类
	氯氟氰菊酯	功夫、三氟氯氰菊酯、PP321 等	防治棉铃虫、棉蚜、小菜蛾
	甲氰菊酯	灭扫利、杀螨菊酯、灭虫螨、芬普宁等	虫螨兼治，用于棉花、蔬菜、果树的害虫
	联苯菊酯	天王星、虫螨灵、三氟氯甲菊酯、氟氯菊酯、毕芬宁	防治蔬菜粉虱
	丁硫克百威	好年冬、丁硫威、丁呋丹、克百丁威、好安威、丁基加保扶	用于防治棉蚜、红蜘蛛、蓟马
	吡虫啉	蚜虱净、一遍净、大功臣、咪蚜胺、艾美乐、一扫净、灭虫净、扑虱蚜、灭虫精、比丹、高巧、盖达胺、康福多	主要用于防治刺吸式口器害虫，如蚜虫、飞虱、粉虱、叶蝉、蓟马

（续）

	通用名	商品名	用途
杀虫剂类	噻螨酮	尼索朗、除螨威、合赛多、已噻唑	对同翅目的飞虱、叶蝉、粉虱及介壳虫害虫有良好的防治效果，对某些鞘翅目害虫和害螨也具有持久的杀幼虫活性
	噻嗪酮	扑虱灵、优乐得、灭幼酮、亚乐得、布芬净、稻虱灵、稻虱净	为对鞘翅目、部分同翅目及蜱螨目具有持效性杀幼虫活性的杀虫剂。可有效地防治马铃薯上的大叶蝉科害虫；蔬菜上的粉虱科害虫
	哒螨灵	哒螨酮、扫螨净、速螨酮、哒螨净、螨必死、螨净、灭螨灵	可用于防治多种食植物性害螨。对螨的整个生长期即卵、幼螨、若螨和成螨都有很好的效果
	双甲脒	螨克、果螨杀、杀伐螨、三亚螨、胺三氮螨、双虫脒、双二甲脒	适用于各类作物的害螨。对同翅目害虫也有较好的防效
	倍硫磷	芬杀松、番硫磷、百治屠、拜太斯、倍太克斯	防治菜青虫、菜蚜
	稻丰散	爱乐散、益尔散等	防治蚜虫、菜青虫、蓟马、小菜蛾、斜纹夜蛾、叶蝉
	二嗪磷	二嗪农、地亚农、大利松、大亚仙农等	用于控制大范围作物上的刺吸式口器害虫和食叶害虫
	乙酰甲胺磷	杀虫磷、杀虫灵、益土磷、高灭磷、酰胺磷、欧杀松	适用于蔬菜、茶叶、烟草、果树、棉花、水稻、小麦、油菜等作物，防治多种咀嚼式、刺吸式口器害虫和害螨

（续）

通用名		商品名	用途
杀虫剂类	杀螟硫磷	速灭虫、杀螟松、苏米松、扑灭松、速灭松、杀虫松、诺发松、苏米硫磷、杀螟磷、富拉硫磷、灭蛀磷等	广谱杀虫，对鳞翅目幼虫有特效，也可防治半翅目、鞘翅目等害虫
	虫螨腈	除尽、溴虫腈等	防治小菜蛾、菜青虫、甜菜夜蛾、斜纹夜蛾、菜螟、菜蚜、斑潜蝇、蓟马等多种蔬菜害虫
	苏云金杆菌	苏力菌、灭蛾灵、先得力、先得利、先力、杀虫菌1号、敌宝、力宝、康多惠、快来顺、包杀敌、菌杀敌、都来施、苏得利	可用于防治直翅目、鞘翅目、双翅目、膜翅目，特别是鳞翅目的多种害虫
	除虫脲	灭幼脲1号、伏虫脲、二福隆、斯代克、斯盖特、敌灭灵等	主要用于防治鳞翅目害虫，如菜青虫、小菜蛾、甜菜夜蛾、斜纹夜蛾、金纹细蛾、黏虫、茶尺蠖、棉铃虫、美国白蛾、松毛虫、卷叶蛾、卷叶螟等
	灭幼脲	苏脲1号、灭幼脲3号、一氯苯隆等	防治桃树潜叶蛾、茶黑毒蛾、茶尺蠖、菜青虫、甘蓝夜蛾、小麦黏虫、玉米螟及毒蛾类、夜蛾类等鳞翅目害虫
	氟啶脲	抑太保、定虫隆、定虫脲、克福隆、IKI7899等	防治十字花科蔬菜的小菜蛾、甜菜夜蛾、菜青虫、银纹夜蛾、斜纹夜蛾、烟青虫等；茄果类及瓜果类蔬菜的棉铃虫、甜菜夜蛾、烟青虫、斜纹夜蛾等；豆类蔬菜的豆荚螟、豆野螟

（续）

通用名		商品名	用途
杀虫剂类	抑食肼	虫死净	对鳞翅目、鞘翅目、双翅目等害虫，具有良好的防治效果
	多杀霉素	菜喜、催杀、多杀菌素、刺糖菌素	防治蔬菜小菜蛾、甜菜夜蛾、蓟马
	S-氰戊菊酯	来福灵、强福灵、强力农、双爱士、顺式氰戊菊酯、高效氰戊菊酯、高氰戊菊酯、霹杀高	防治菜青虫、小菜蛾，于幼虫3龄期前施药。豆野螟于豇豆、菜豆开花盛期、卵孵盛期施药
	氯氰菊酯	安绿宝、赛灭灵、赛灭丁、桑米灵、博杀特、绿氰全、灭百可、兴棉宝、阿锐可、韩乐宝、克虫威等	防治菜蚜、蓟马、棉铃虫、菜青虫
	顺式氯氰菊酯	高效灭百可、高效安绿宝、高效氯氰菊酯、甲体氯氰菊酯、百事达、快杀敌等	防治菜蚜、菜青虫、小菜蛾幼虫、豆卷叶螟幼虫
	氟氯氰菊酯	百树得、百树菊酯、百治菊酯、氟氯氰醚酯、杀飞克	防治棉铃虫、烟芽夜蛾、苜蓿叶象甲、菜粉蝶、尺蠖、苹果蠹蛾、菜青虫、美洲黏虫、马铃薯甲虫、蚜虫、玉米螟、地老虎等害虫
	氯菊酯	二氯苯醚菊酯、苄氯菊酯、除虫精、克死命、百灭宁、百灭灵等	可用于蔬菜、果树等作物，防治菜青虫、蚜虫、棉铃虫、棉红铃虫、棉蚜、绿盲蝽、黄条跳甲、桃小食心虫、柑橘潜叶蛾、二十八星瓢虫、茶尺蠖、茶毛虫、茶细蛾等多种害虫

（续）

通用名		商品名	用途
杀虫剂类	溴氰菊酯	敌杀死、凯素灵、凯安保、第灭宁、敌卞菊酯、氰苯菊酯、克敌	防治各种蚜虫、棉铃虫、棉红铃虫、菜青虫、小菜蛾、斜纹夜蛾、甜菜夜蛾、黄守瓜、黄条跳甲
	戊菊酯	多虫畏、杀虫菊酯、中西除虫菊酯、中西菊酯、戊酸醚酯、戊醚菊酯、S-5439	防治蔬菜害螨、线虫
	敌百虫	三氯松、毒霸、必歼、虫决杀	可诱杀蝼蛄、地老虎幼虫、尺蠖、天蛾、卷叶蛾、粉虱、叶蜂、草地螟、潜叶蝇、毒蛾、刺蛾、灯蛾、黏虫、桑毛虫、凤蝶、天牛、蛴螬、夜蛾、白囊袋蛾
	抗蚜威	辟蚜雾、灭定威、比加普、麦丰得、蚜宁、望俘蚜	适用于防治蔬菜、烟草、粮食作物上的蚜虫
	灭多威	万灵、快灵、灭虫快、灭多虫、乙肟威、纳乃得	防治蚜虫、蛾、地老虎等害虫
	啶虫脒	吡虫清、乙虫脒、莫比朗、鼎克、NI-25、毕达、乐百农、绿园	防治棉蚜、菜蚜、桃小食心虫等
	异丙威	灭必虱、灭扑威、异灭威、速灭威、灭扑散、叶蝉散、MIPC	对稻飞虱、叶蝉科害虫具有特效，可兼治蓟马和蚂蟥
	丙溴磷	菜乐康、布飞松、多虫磷、溴氯磷、克捕灵、克捕赛、库龙、速灭抗	防治蔬菜、果树等作物上的害虫，对棉铃虫、苹果黄蚜等害虫均有很高的防治效果
	哒嗪硫磷	杀虫净、必芬松、哒净松、打杀磷、苯哒磷、哒净硫磷、苯哒嗪硫磷	可防治螟虫、纵卷叶螟、稻苞虫、飞虱、叶蝉、蓟马、稻瘿蚊等，对棉叶螨有特效

（续）

通用名		商品名	用途
杀虫剂类	毒死蜱	乐斯本、杀死虫、泰乐凯、陶斯松、蓝珠、氯蜱硫磷、氯吡硫磷、氯吡磷	适用于果树、蔬菜、茶树上多种咀嚼式和刺吸式口器害虫
	硫丹	硕丹、赛丹、韩丹、安杀丹、安杀番、安都杀芬	广谱杀虫杀螨，对果树、蔬菜、茶树、棉花、大豆、花生等多种作物害虫害螨有良好防效
杀菌剂类	百菌清	达科宁、打克尼太、大克灵、四氯异苯腈、克劳优、霉必清、桑瓦特、顺天星1号	防治果树、蔬菜上锈病、炭疽病、白粉病、霜霉病等
	多菌灵	苯并咪唑44号、棉萎灵、贝芬替、枯萎立克、菌立安	防治十字花科蔬菜菌核病、十字花科蔬菜白斑病，还有大白菜炭疽病、萝卜炭疽病、白菜类灰霉病、青花菜叶霉病、油菜褐腐病、白菜类霜霉病、芥菜类霜霉病、萝卜霜霉病、甘蓝类霜霉病等
	代森锰锌	新万生、大生、大生富、喷克、大丰、山德生、速克净、百乐、锌锰乃浦	防治蔬菜霜霉病、炭疽病、褐斑病、西红柿早疫病和马铃薯晚疫病
	霜脲·锰锌	克露、克抗灵、锌锰克绝	防治霜霉病、疫病，番茄晚疫病，绵疫病，茄子绵疫病，十字花科白锈病，可兼治蔬菜炭疽病，早疫病，斑枯病，黑斑病，番茄叶霉病等
	噁霜·锰锌	杀毒矾、噁霜锰锌	防治蔬菜上的炭疽病、早疫病等多种病害；对黄瓜、葡萄、白菜等作物的霜霉病有特效

（续）

通用名		商品名	用途
杀菌剂类	甲霜灵	甲霜安、瑞毒霉、瑞毒霜、灭达乐、阿普隆、雷多米尔	用于防治蔬菜作物的霜霉病，瓜果蔬菜类的疫霉病
	霜霉威盐酸盐	普力克、霜霉威、丙酰胺	防治青花菜花球黑心病、白菜类霜霉病、甘蓝类霜霉病、芥菜类霜霉病、萝卜霜霉病、青花菜霜霉病、紫甘蓝霜霉病、青花菜霜霉病
	三乙膦酸铝	乙膦铝、疫霉灵、疫霜灵、霜疫灵、霜霉灵、克霜灵、霉菌灵、霜疫净、膦酸乙酯铝、藻菌磷、三乙基膦酸铝、霜霉净、疫霉净、克菌灵	防治蔬菜作物霜霉病，疫病，菠萝心腐病，柑橘根腐病、茎溃病，草莓茎腐病、红髓病
	琥·乙膦铝	百菌通、琥乙膦铝、羧酸磷铜、DTM、DTNZ	防治甘蓝黑腐病，甘蓝细菌性黑斑病，大白菜软腐病，白菜类霜霉病、（萝卜链格孢）黑斑病、假黑斑病
	三唑酮	粉锈宁、百理通、百菌酮、百里通	对锈病、白粉病和黑穗病有特效
	腐霉利	速克灵、扑灭宁、二甲菌核利、杀霉利	适用于果树、蔬菜、花卉等的菌核病、灰霉病、黑星病、褐腐病、大斑病的防治
	异菌脲	扑海因、桑迪恩、依普同、异菌咪	防治多种果树、蔬菜、瓜果类等作物早期落叶病、灰霉病、早疫病等病害
	乙烯菌核利	农利灵、烯菌酮、免克宁	对果树、蔬菜上的灰霉、褐斑、菌核病有良好防效

（续）

通用名		商品名	用途
杀菌剂类	氢氧化铜	丰护安、根灵、可杀得、克杀得、冠菌铜	防治蔬菜作物的细菌性条斑病、黑斑病、霜霉病、白粉病、黑腐病、早疫病、晚疫病、叶斑病、褐斑病、菜豆细菌性疫病、葱类紫斑病、辣椒细菌性斑点病等
	丁戊已二元酸铜	琥珀肥酸铜、琥胶肥酸铜、琥珀酸铜、二元酸铜、角斑灵、滴涕、DT、DT杀菌剂	防治蔬菜作物软腐病
	络氨铜	硫酸甲氨络合铜、胶氨铜、消病灵、瑞枯霉、增效抗枯霉	防治茄子、甜（辣）椒的炭疽病、立枯病，西瓜、黄瓜、菜豆枯萎病，黄瓜霜霉病，西红柿早疫病、晚疫病，茄子黄叶病
	络氨铜锌	抗枯宁、抗枯灵	用于防治蔬菜作物枯萎病
	抗霉素120	抗霉菌素、TF-120、农抗120	用于防治大白菜黑斑病、萝卜炭疽病、白菜白粉病
	多抗霉素	多氧霉素、多效霉素、保利霉素、科生霉素、宝丽安、兴农606、灭腐灵、多克菌	防治黄瓜霜霉病、白粉病，人参黑斑病，苹果、梨灰斑病以及水稻纹枯病等
	春雷霉素	加收米、春日霉素、嘉赐霉素	防治黄瓜炭疽病、细菌性角斑病，西红柿叶霉病、灰霉病，甘蓝黑腐病，黄瓜枯萎病
	盐酸吗啉胍·铜	病毒A、病毒净、毒克星、毒克清	对蔬菜（番茄、青椒、黄瓜、甘蓝、大白菜等）的病毒病具有良好预防和治疗作用
	菌毒清	菌必清、菌必净、灭净灵、环中菌毒清	防治番茄、辣椒病毒病，西瓜枯萎病

（续）

通用名		商品名	用途
杀菌剂类	代森胺	阿巴姆、铵乃浦	防治白菜白粉病、白斑病、黑斑病、软腐病、甘蓝黑腐病，白菜类黑腐病，白菜类根肿病，青花菜黑腐病，紫甘蓝黑腐病
	敌磺钠	敌克松、地可松、地爽	防治蔬菜苗期立枯病，猝倒病，白菜、黄瓜霜霉病，西红柿、茄子炭疽病
	甲基立枯磷	利克菌、立枯磷	用于防治蔬菜立枯病、枯萎病、菌核病、根腐病、十字花科黑根病、褐腐病
	乙霉威	万霉灵、抑菌灵、保灭灵、抑菌威	防治黄瓜、番茄灰霉病，甜菜褐斑病
	硫菌霉威	抗霉威、甲霉灵、抗霉灵	防治蔬菜作物霜霉病、猝倒病、疫病、晚疫病、黑胫病等病害
	多霉威	多霉灵、多霜清、多霉威	防治番茄早疫病和菌核病、黄瓜菌核病、豇豆菌核病、苦瓜灰斑病、菠菜叶斑病、蔬菜作物灰霉病等
	噁醚唑	世高、敌萎丹	防治蔬菜作物黑星病、白粉病、叶斑病、锈病、炭疽病等
	溴菌腈	休菌清、炭特灵、细菌必克	防治炭疽病、黑星病、疮痂病、白粉病、锈病、立枯病、猝倒病、根茎腐病、溃疡病、青枯病、角斑病等
	氟哇唑	福星、农星、杜邦新星、克菌星	防治苹果黑星病、白粉病，谷类眼点病，小麦叶锈病和条锈病

（续）

通用名		商品名	用途
除草剂类	甲草胺	灭草胺、拉索、拉草、杂草锁、草不绿、澳特拉索	芽前除草剂，主要杀死出苗前土壤中萌发的杂草，对已出土杂草无效
	乙草胺	禾耐斯、消草胺、刈草安、乙基乙草安	芽前除草剂，防治一年生禾本科杂草和部分小粒种子的阔叶杂草
	仲丁灵	双丁乐灵、地乐胺、丁乐灵、止芽素、比达宁、硝基苯胺灵	防除稗草、牛筋草、马唐、狗尾草等一年生单子叶杂草及部分双子叶杂草
	氟乐灵	茄科灵、特氟力、氟利克、特福力、氟特力	属芽前除草剂，用于防除一年生禾本科杂草及部分双子叶杂草
	二甲戊灵	施田补、除草通、杀草通、除芽通、胺硝草、硝苯胺灵、二甲戊乐灵	防除一年生禾本科杂草、部分阔叶杂草和莎草
	扑草净	扑灭通、扑蔓尽、割草佳	防除一年生禾本科杂草及阔叶草
	嗪草酮	赛克、立克除、赛克津、赛克嗪、特丁嗪、甲草嗪、草除净、灭必净	对一年生阔叶杂草和部分禾本科杂草有良好防除效果，对多年生杂草无效
	草甘膦	农达、镇草宁、草克灵、奔达、春多多、甘氨磷、嘉磷塞、可灵达、农民乐、时拨克	无残留灭生性除草剂，对一年生及多年生杂草都有效
	禾草丹	杀草丹、灭草丹、草达灭、除草莠、杀丹、稻草完	适用于水稻、麦类、大豆、花生、玉米、蔬菜田及果园等防除稗草、牛毛草、异型莎草、千金子、马唐、蟋蟀草、狗尾草、碎米莎草、马齿草、看麦娘等

（续）

通用名		商品名	用途
除草剂类	喹禾灵	禾草克、盖草灵、快伏草	防除看麦娘、野燕麦、雀麦、狗牙根、野茅、马唐、稗草、蟋蟀草、匍匐冰草、早熟禾、法氏狗尾草、金狗尾草等多种一年生及多年生禾本科杂草，对阔叶草无效
	稀禾定	拿捕净、乙草丁、硫乙草灭	防除双子叶作物田中稗草、野燕麦、狗尾草、马唐、牛筋草、看麦娘、白茅、狗芽根、早熟禾等单子叶杂草
植物生长调节剂类	萘乙酸	A-萘乙酸、NAA	促进生根，防止落花落果
	2，4-滴	2，4-D、2，4-二氯苯氧乙酸	防止落花落果
	赤霉素	赤霉酸、奇宝、九二〇、GA_3	提高无籽葡萄产量，打破马铃薯休眠，促进作物生长、发芽、开花结果；能刺激果实生长，提高结实率
	乙烯利	乙烯灵、乙烯磷、一试灵、益收生长素、玉米健壮素、2-氯乙基膦酸、CEPA、艾斯勒尔	促进果实成熟、雌花发育
	丁酰肼	比久、调节剂九九五、二甲基琥珀酰肼、B9、B-995	抑制新枝徒长，缩短节间，增加叶片厚度及叶绿素含量，防止落花，促进坐果，诱导不定根形成，刺激根系生长，提高抗寒力
	矮壮素	三西、西西西、CCC、稻麦立、氯化氯代胆碱	促使植株变矮，杆茎变粗，叶色变绿，可使作物耐旱耐涝，防止作物徒长倒伏，抗盐碱，又能防止棉花落铃，可使马铃薯块茎增大

（续）

通用名		商品名	用途
植物生长调节剂类	甲哌鎓	缩节胺、甲呱啶、助壮素、调节啶、健壮素、缩节灵、壮棉素、棉壮素	对蔬菜等作物具有抑制徒长、促叶片增厚、增强抗逆性、提高坐果率等作用
	多效唑	氯丁唑	抑制秧苗顶端生长优势，促进侧芽（分蘖）滋生。秧苗外观表现为矮壮多蘖，根系发达
杀线虫剂类	溴甲烷	溴代甲烷、一溴甲烷、甲基烷、溴灭泰	用于植物保护，作为杀虫剂、杀菌剂、土壤熏蒸剂和谷物熏蒸剂，但在黄瓜上禁用
	棉隆	迈隆、必速灭、二甲噻嗪、二甲硫嗪	土壤消毒剂，能有效地杀灭土壤中各种线虫、病原菌、地下害虫及萌发的杂草种子
杀软体动物剂类	四聚乙醛	密达、蜗牛散、蜗牛敌、多聚乙醛	防治福寿螺、蜗牛、蛞蝓等软体动物
	杀螺胺	百螺杀、贝螺杀、氯螺消	防治琥珀螺、椭圆萝卜螺、蛞蝓
	甲硫威	灭旱螺、灭梭威、灭虫威、灭赐克	防治软体动物

附录B　常见计量单位名称与符号对照表

量的名称	单位名称	单位符号
长度	千米	km
	米	m
	厘米	cm
	毫米	mm

（续）

量的名称	单位名称	单位符号
面积	公顷	ha
	平方千米（平方公里）	km^2
	平方米	m^2
体积	立方米	m^3
	升	L
	毫升	mL
质量	吨	t
	千克（公斤）	kg
	克	g
	毫克	mg
物质的量	摩尔	mol
时间	小时	h
	分	min
	秒	s
温度	摄氏度	℃
平面角	度	(°)
能量，热量	兆焦	MJ
	千焦	kJ
	焦［耳］	J
功率	瓦［特］	W
	千瓦［特］	kW
电压	伏［特］	V
压力，压强	帕［斯卡］	Pa
电流	安［培］	A
转速	转/分钟	r/min

参考文献

[1] 山东农业大学．蔬菜栽培学总论［M］．北京：中国农业出版社，1999.

[2] 张福墁．设施园艺学［M］．北京：中国农业大学出版社，2001.

[3] 张玉聚，李洪连，张振臣．中国蔬菜病虫害原色图解［M］．北京：中国农业出版社，2010.

[4] 郑建秋．现代蔬菜病虫鉴别与防治手册［M］．北京：中国农业出版社，2004.

[5] 张文新．棚室番茄生产关键技术100问［M］．北京：化学工业出版社，2013.

[6] 汪兴汉．番茄栽培与病虫害防治技术［M］．北京：中国农业出版社，2001.

[7] 李金堂．番茄病虫害防治图谱［M］．济南：山东科学技术出版社，2010.

[8] 郭书普．番茄、茄子、辣椒病虫害鉴别与防治技术图解［M］．北京：化学工业出版社，2012.

[9] 柴敏，等．番茄新品种及栽培技术［M］．北京：台海出版社，2002.

[10] 杨莉．加工番茄栽培技术百问百答［M］．北京：中国农业出版社，2008.

[11] 李会远．蔬菜栽培技术丛书番茄无公害标准化栽培技术［M］．北京：化学工业出版社，2009.

[12] 肖长坤．番茄健康管理综合技术培训指南［M］．北京：中国农业出版社，2010.

[13] 赵丽萍，赵统敏，杨玛丽，等．番茄设施栽培［M］．北京：中国农业出版社，2013.

[14] 梁凤美，孙培博．番茄无公害标准化生产技术问答［M］．北京：中国农业出版社，2013.

[15] 程力，韩葆颖．我国番茄产业如何应对市场新挑战［J］．农产品加工，2013（6）：14-15.

[16] 张海英．番茄的保健作用及产品开发［J］．山西食品工业，2003（3）：17-19.

[17] 王晓峰．赤峰市保护地番茄水肥一体化高效栽培技术［J］．内蒙古农

业科技，2013（4）：68.
[18] 黄绍文. 设施番茄水肥一体化技术 [J]. 中国蔬菜，2013（13）：40-41.
[19] 张保兰. 小拱棚番茄早熟高产规范化栽培技术 [J]. 现代农村科技，2012（23）：19-20.
[20] 张秀霞. 早春小拱棚地膜双覆盖番茄高产栽培经验 [J]. 河北农业，2000（1）：9.
[21] 魏素华，张蔚蓬，梁梅，等. 塑料小拱棚早春番茄栽培技术 [J]. 吉林蔬菜，2006（3）：13.
[22] 高红霞，张庆霞. 番茄秋延后栽培的关键技术 [J]. 北方园艺，2009（6）：153-154.
[23] 李红军，李登顺，戴培青. 大棚秋延后番茄无公害高产栽培技术 [J]. 北方园艺，2004（6）：20-21.
[24] 张洪玉，张艳玲，王学凯，等. 番茄越夏栽培技术 [J]. 天津农业科学，2009（5）：89-90.
[25] 甘崇胜，春季大棚番茄栽培管理技术 [J]. 现代农业科技，2008（9）：24.
[26] 刘红梅，武蓉. 番茄秋延后高产栽培技术 [J]. 西北园艺，2009（5）：18-19.
[27] 于海龙，王利英，石瑶，等. 华北地区秋季大棚番茄栽培技术 [J]. 天津农业科学，2010，16（1）：81-82.
[28] 石小莉. 秋延后番茄栽培技术 [J]. 陕西农业科学，2009，55（3）：212.
[29] 柏林，李大霞. 日光温室秋冬茬番茄栽培技术 [J]. 安徽农学通报，2008，14（18）：180.
[30] 高建坤，代淑芳，马连. 春早熟番茄栽培技术 [J]. 现代农业科技，2008（8）：23-24.
[31] 郭长伟. 日光温室冬春茬番茄高效栽培技术 [J]. 现代农业，2012（2）：8-9.
[32] 张志杰. 日光温室番茄冬春茬栽培技术 [J]. 中国园艺文摘，2012（1）：120-121.
[33] 刘琛，倪栋，李芳，等. 日光温室番茄冬春茬栽培技术 [J]. 安徽农学通报，2010（2）：160-161.
[34] 刘玉三. 日光温室番茄秋冬茬栽培技术 [J]. 现代农业，2014

（2）：5.

[35] 张海宽，周斌. 日光温室秋冬茬番茄无公害栽培技术［J］. 西北园艺，2009（5）：7-8.

[36] 杜鑫宇. 日光温室秋冬茬番茄栽培技术［J］. 吉林农业，2013（6）：27.

[37] 马真胜. 日光温室越冬茬番茄栽培技术［J］. 甘肃农业，2013（6）：58-60.

[38] 谢勇，杜建军，李永胜，等. 无公害番茄无土栽培生产技术规程［J］. 广东农业科学，2006（12）：84-87.

[39] 唐代静. 番茄无土栽培技术［J］. 湖南农机，2010，38（3）：210-211.

[40] 蒋维艳. 大葱番茄轮作高效栽培技术［J］. 农技服务，2007，24（4）：24-25.

[41] 王彦伟，高巨，刘鸿. 温室番茄套作平菇高产栽培技术［J］. 中国瓜菜，2006（5）：16.

[42] 段峰，王秀云，高志红. 园艺作物连作障碍发生原因及防治措施［J］. 江西农业学报，2011，23（3）：34-39.